钢渣资源化及其碳捕集利用

赵 青 梅孝辉 刘承军 姜茂发 著

科学出版社

北 京

内 容 简 介

本书面向"双碳"目标下钢铁行业绿色转型发展要求，围绕钢渣生态化处置和碳减排等难题，聚焦钢渣资源化及其在碳捕集领域应用的理论技术前沿，概述钢渣处理与利用的研究进展，分析钢铁行业碳排放形势与碳减排压力，探讨钢渣碳捕集、利用与封存的能力及其关键理论与技术。在此基础上，重点论述钢渣矿相设计与调控方法、调质钢渣的浸出行为、Ca^{2+}碳酸化行为与产物调控技术、钙基和硅基吸附剂的制备工艺等问题。

本书可供冶金、化工、资源、环境保护等行业生产、科研、设计、管理人员阅读，亦可供高等院校相关专业师生参考。

图书在版编目（CIP）数据

钢渣资源化及其碳捕集利用 / 赵青等著. -- 北京 ：科学出版社，2025. 6. -- ISBN 978-7-03-080895-0

Ⅰ. TF341.8；X701.7

中国国家版本馆 CIP 数据核字第 2024PY3806 号

责任编辑：王喜军 陈 琼 / 责任校对：崔向琳
责任印制：徐晓晨 / 封面设计：无极书装

科 学 出 版 社 出版
北京东黄城根北街 16 号
邮政编码：100717
http://www.sciencep.com
三河市春园印刷有限公司印刷
科学出版社发行 各地新华书店经销
*
2025 年 6 月第 一 版 开本：720×1000 1/16
2025 年 6 月第一次印刷 印张：13 3/4
字数：277 000
定价：128.00 元
（如有印装质量问题，我社负责调换）

前　言

钢铁工业是国民经济的重要基础产业，也是实现"双碳"目标的重点领域。目前，我国钢铁行业每年产生炼钢废渣超 1 亿 t，企业多交由第三方处理，资源化利用率低。碳捕集、利用与封存（carbon capture，utilization and storage，CCUS）被视为最具应用前景的工业末端减排方法，是推动钢铁与化工、建材、能源等产业耦合低碳发展的关键枢纽性技术。钢渣中含有大量碱性组元，利用钢渣捕集冶金尾气中的 CO_2 有望实现钢铁企业废弃物就地协同治理和生态化处置。但是，钢渣在 CCUS 领域的应用仍面临诸多挑战：①钢渣矿相结构复杂，CO_2 的捕集与封存能力难以充分发挥；②元素共伴生严重，资源选择性分离提取困难，处理过程易造成二次污染与资源浪费；③碳捕集过程涉及多尺度、多物态、多组元转化，微观机理尚不清晰，产品附加值不高。

本书借鉴成因矿物学基础理论，提出热态钢渣在线调质改性思路与方法，通过调控钢渣成分与冷却制度，从源头实现矿相优化与差异放大，从根本上解决选择性分离难、碳捕集能力差、产品附加值低等问题。此外，本书还将材料学前沿理论与技术融入钢渣制备碳捕集材料的正向设计，探索钢渣高水平资源化与高品质捕碳材料合成的短流程低成本集成方法，以期为冶金废弃物处理流程再造提供新思路。

本书共 12 章，概述钢渣及其处理与利用现状（第 1 章和第 2 章），分析钢铁行业碳排放形势与现有碳减排工艺（第 3 章），探讨钢渣碳捕集的能力及其关键理论与技术（第 4 章和第 5 章）。在此基础上，重点论述钢渣矿相溶解特性（第 6 章），提出钢渣矿相设计与调控方法（第 7 章）、调质钢渣的浸出行为（第 8 章）、Ca^{2+} 碳酸化行为与产物调控技术（第 9 章）、钙基和硅基吸附剂的制备工艺（第 10 章和第 11 章），并对全书进行总结（第 12 章）。

本书由东北大学多金属共生矿生态化冶金教育部重点实验室、冶金学院赵青、刘承军、姜茂发和辽宁科技学院梅孝辉共同撰写完成。具体撰写分工如下：第 1 章和第 2 章由赵青和姜茂发撰写；第 3～5 章由赵青和刘承军撰写；第 6～12 章由赵青和梅孝辉撰写；全书由赵青完成统稿工作。

感谢东北大学史培阳、闵义、张波、孙丽枫、亓捷、邱吉雨、王野光、姜超，芬兰埃博学术大学 Henrik Saxén、Ron Zevenhoven，本钢板材股份有限公司和本溪钢铁（集团）有限责任公司技术中心刘宏亮、刘军、曹志众、李明光、李宇蒙等专家学者对本书的指导。感谢陶梦洁、韩承志、夏文然、高子贺、王泽培、王曾睿、赵志、董柯、刘伟伟、郭不拘等学生对本书内容的整理。

感谢国家自然科学基金项目（52374327、52074078）、辽宁省应用基础研究计划（2023JH2/101600002）、沈阳市中青年科技创新人才支持计划（RC220491）、辽宁省钢铁产业产学研创新联盟合作项目（KJBLM202202）、2024 年度辽宁省教育厅高校基本科研重点项目（LJ212411430036）等对本书的支持。

由于作者水平有限，书中难免存在不足之处，欢迎广大读者不吝赐教。

作　者

2025 年 1 月

目　　录

第1章 钢渣概述

近几十年来，世界钢铁产业发展迅速，钢渣产量巨大。世界钢铁协会数据显示，2023 年全球粗钢产量达 18.88 亿 t，同比提高 0.52%。钢渣是钢铁工业在炼钢过程中因去除钢中杂质而产生的副产物，由硅酸钙镁、铝酸盐、铁酸盐、氧化物等多种物质组成，其排放量占粗钢产量的 10%～15%。本章将从钢渣的来源、钢渣成分与矿相组成，以及钢渣利用存在的问题三个方面进行系统介绍。

1.1 钢渣的来源

炼钢是以氧化的方法除去生铁中过多的碳（C）、硅（Si）、硫（S）和磷（P）等杂质。钢渣是炼钢的副产品，是在炼钢炉中将钢水与杂质的分离过程中产生的。炉渣以熔融状态出现，冷却后凝固为含有多种矿相的复杂固体物质，一般指在金属炉料中一些元素被氧化后而产生的氧化物、金属炉料杂质、被侵蚀的补炉材料、炉衬料，以及为调整钢渣性质而添加的萤石、石灰石、铁矿石、白云石等造渣材料。炉渣可根据冶炼工艺和工序进行分类，主要分为碱性氧气转炉（basic oxygen furnace，BOF）渣、钢包（ladle furnace，LF）渣、电弧炉（electric arc furnace，EAF）渣（氧化渣、还原渣）等。图 1.1 展示了现代钢厂中不同炉渣的一般生产流程和利用情况[1]。

在 BOF 炼钢过程中，BOF 渣来源于铁水中杂质的氧化物、散装料中的氧化物、炉衬和石灰等。其中，石灰是 BOF 渣的主要来源。除此以外，BOF 渣还包括以液态氧化物形式存在的 Si、Mn、P 和一些 Fe。冶炼结束后，液态钢水被转移到 LF 中，同时，BOF 渣被保留在 BOF 炉体内，经过溅渣护炉处理后被转移到单独的炉渣罐中。

EAF 炼钢主要在 EAF 中进行。EAF 是一种圆柱形炉体，其中，电能通过电极产生电弧，转化为热能。EAF 炉料大部分由废钢和熔剂组成，也可采用 BOF 冶炼钢水。EAF 冶炼工艺包括：①快速熔化和升温操作，在尽可能短的时间内把废钢熔化，并使钢液温度达到出钢温度，通常采用大功率供电、氧-燃烧嘴助熔、吹氧助熔和搅拌、低吹搅拌，以及其他强化冶炼和升温技术；②脱磷操作，强化吹氧，提高渣的氧化性；③脱碳操作，EAF 配料采用高配碳，碳先于 Fe 氧化，

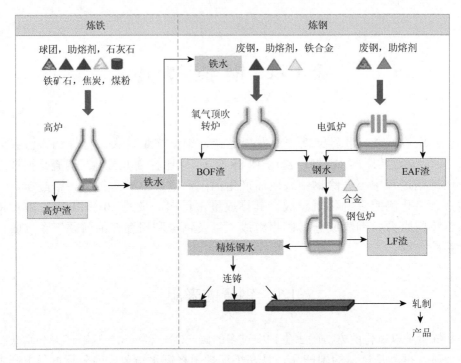

图 1.1　现代钢厂中不同炉渣的一般生产流程和利用情况[1]

可减少 Fe 的损失；④合金化操作，一些不易氧化、熔点高的合金可在熔化后加入炉内。此外，EAF 冶炼工艺还涉及控制温度和泡沫渣操作。

在 LF 精炼过程中，通过再次向 LF 中添加熔剂使渣熔化，从而产生额外的钢渣。这些炉渣有助于吸收脱氧产物（夹杂物）、隔热和保护 LF 耐火材料。在炼钢的这一阶段产生的钢渣通常称为 LF 渣。

1.2　钢渣成分与矿相组成

1.2.1　钢渣成分

不同种类的钢渣具有外观形态和颜色上的差异。一般碱度较低的钢渣呈灰色，碱度较高的钢渣呈褐灰色、灰白色[2]，碱度较高的钢渣质地坚硬密实、孔隙率低。另外，自然冷却的钢渣在堆放一段时间后发生膨胀风化，形成块状和粉状料。

表 1.1 列出了不同种类钢渣的化学成分[3]。从表 1.1 中可以看出，钢渣主要含有 Ca、Si、Fe、Al 和 Mg 等组元。BOF 渣和 EAF 渣都是在碱性炼钢工艺中形成

的，因此，BOF 渣和 EAF 渣的化学成分相差不大。在 EAF 冶炼不锈钢时，产生的不锈钢渣中含有大量的 Cr，Cr^{6+} 会对环境及人体健康造成危害，含 Cr 渣被列为毒害废弃物，因此不锈钢渣资源化利用的途径和领域都受到了严格限制。

表 1.1　不同种类钢渣的化学成分（以质量分数计，单位：%）[3]

组分	BOF 渣	EAF 渣	LF 渣
CaO	39~45	25~35	35~60
FeO	16~27	7~25	—
MgO	6~9.5	2~9	4~18
MnO	2.7~4	3.7~6	0~2
SiO_2	11.3~12	10~20	5~50
P_2O_5	1~1.5	0.5~0.8	0~0.5
TiO_2	0.4~0.45	0.8~0.9	0~3
Na_2O	0.23~0.25	0.1~0.4	—
Cr_2O_3	1.6~2	0.3~1.1	—
K_2O	0.20	0.4	—
Al_2O_3	1~2	3~10	1~30
V_2O_5	1.2~2.9	2~3	—
Fe_2O_3	—	10~30	—

注：LF 渣为 EAF 炼钢时 LF 精炼过程中的钢渣。

BOF 渣的主要成分为 CaO、FeO 和 SiO_2。由于炼钢过程中使用了大量的石灰或白云石，BOF 渣具有较高含量的 CaO（质量分数为 39%~45%），其次为 FeO 和 SiO_2。另外，BOF 渣中还含有少量的游离 CaO（记为 f-CaO）。

EAF 渣的化学成分与 BOF 渣相似。EAF 炼钢过程本质上是废钢回收过程。因此，EAF 渣的化学成分在很大程度上取决于废钢，其主要化学成分差异很大。EAF 渣的主要成分为 CaO、铁氧化物和 SiO_2。EAF 渣中还含有 f-CaO 和游离 MgO（记为 f-MgO），以及其他复合矿物和 CaO、FeO、MgO 的固溶体。EAF 渣中的 f-CaO 和 f-MgO 导致其用于建筑材料时易发生体积膨胀，限制了其在建筑领域的应用。

在炼钢过程中，不同的合金被送入 LF 炉，以获得所需等级的钢。因此，LF 渣的化学成分在很大程度上取决于所生产的钢的等级。与 BOF 渣和 EAF 渣相比，LF 渣的化学成分变化很大。

1.2.2 矿相组成

X 射线衍射（X-ray diffraction，XRD）分析表明，钢渣具有复杂的结晶相，主要受钢渣的化学成分组成和处理过程（冷却速率）影响。表 1.2 列出了钢渣中典型的矿相组成，主要包括硅酸盐相、铝酸盐相、铁酸盐相、氧化物（oxide，RO，其中，R 为 Mg、Fe 和 Mn 等二价金属元素）相和尖晶石相。

表 1.2　钢渣中典型的矿相组成

类别	矿相	化学式	简写
硅酸盐相	β-硅酸二钙	β-Ca_2SiO_4	β-C_2S
	γ-硅酸二钙	γ-Ca_2SiO_4	γ-C_2S
	硅酸三钙	Ca_3SiO_5	C_3S
	硅灰石	$CaSiO_3$	CS
	硅钙石	$Ca_3Si_2O_7$	C_3S_2
	透辉石	$CaMgSi_2O_6$	CMS_2
	蔷薇辉石	$Ca_3MgSi_2O_8$	C_3MS_2
	钙镁黄长石	$Ca_2MgSi_2O_7$	C_2MS_2
	钙铝黄长石	$Ca_2Al_2SiO_7$	C_2AS
	钙镁橄榄石	$CaMgSiO_4$	CMS
铁酸盐相	铁铝酸钙	$Ca_4Al_2Fe_2O_{10}$	C_4AF
	铁酸一钙	$CaO \cdot Fe_2O_3$	CF
	铁酸二钙	$2CaO \cdot Fe_2O_3$	C_2F
铝酸盐相	铝酸钙	$CaAl_2O_4$	CA
	十二钙七铝	$Ca_{12}Al_{14}O_{33}$	$C_{12}A_7$
	铝酸三钙	$Ca_3Al_2O_6$	C_3A
氧化物相	复合氧化物	$FeO/MgO/MnO/CaO$	RO
	四氧化三铁	Fe_3O_4	
	三氧化二铁	Fe_2O_3	
	游离氧化物	f-CaO/f-MgO	
尖晶石相	类质同象尖晶石	$(Mg, Mn, Fe^{2+})(Cr, Al, Fe^{3+})_2O_4$	AB_2O_4

钢渣的矿相组成受其化学成分影响。由于 BOF 渣具有较高的 CaO、SiO_2 和 Fe_2O_3 含量，BOF 渣中的主要矿相通常为硅酸盐相和铁酸盐相，包括 C_2S、C_3S、

C_2F 和 $Ca_2(Al, Fe)O_5$ 等。LF 渣具有较高的 CaO 和 Al_2O_3 含量，因此铝酸盐相和硅酸盐相是 LF 渣中的主要矿相，包括 CA、$C_{12}A_7$、C_3A 和 C_2S。

Al_2O_3 的存在有助于生成对钢渣胶凝活性有利的铝酸钙或硅铝酸钙玻璃体。MgO 的赋存形式有三种：①化合态（钙镁橄榄石和蔷薇辉石等）；②固溶体（二价金属氧化物 MgO、FeO 及 MnO 的固溶体，即 RO 相）；③游离态（方镁石晶体，f-MgO）。

特别地，Cr_2O_3 会存在于冶炼不锈钢的钢渣中。钢渣中 Cr^{3+} 在氧化气氛下会向剧毒 Cr^{6+} 转变，因此含 Cr 钢渣中 Cr 的赋存状态及含 Cr 钢渣的资源化利用一直是人们关注的热点。研究者对国内不锈钢渣进行矿相分析，发现 Cr 的赋存状态主要有铬尖晶石相、钙铬石相（$CaCrO_4$）及 Fe-Cr-Ni 金属颗粒等[4]。

此外，钢渣的矿相组成受渣碱度的影响很大。表 1.3 列出了不同碱度下钢渣的主要矿相。随着渣中 CaO 含量逐渐增加，碱度增大，渣中钙镁橄榄石、蔷薇辉石、C_2S 会转变为 C_3S，具体的转变机理见式（1.1）～式（1.4）。当 CaO 含量一定时，SiO_2 含量影响 C_2S 与 C_3S 的相对含量，发生式（1.5）所示的化学反应[5]。因此，渣中 SiO_2 含量的增加可导致钢渣中 C_3S 与 C_2S 的相对含量降低。

$$CaO + MgO + SiO_2 = CaO \cdot MgO \cdot SiO_2 （钙镁橄榄石） \quad (1.1)$$

$$CaO \cdot MgO \cdot 2SiO_2 + 2CaO = 3CaO \cdot MgO \cdot 2SiO_2 （蔷薇辉石） \quad (1.2)$$

$$3CaO \cdot MgO \cdot 2SiO_2 + CaO = 2(2CaO \cdot SiO_2) （C_2S） + MgO \quad (1.3)$$

$$2CaO \cdot SiO_2 + CaO = 3CaO \cdot SiO_2 （Ca_3SiO_5，C_3S） \quad (1.4)$$

$$2Ca_3SiO_5 + SiO_2 = 3Ca_2SiO_4 \quad (1.5)$$

表 1.3 不同碱度下钢渣的主要矿相

碱度	主要矿相	碱度	主要矿相
1～1.5	钙镁橄榄石相、蔷薇辉石相	>2.5	C_3S 相、C_2S 相和 RO 相
1.5～2.5	C_2S 相和 RO 相		

渣处理工艺是影响钢渣矿相组成的另一个因素。通常认为，结晶相的形成与熔体冷却速率有直接关系。富 Si 高炉渣在快速冷却时很容易玻璃化（形成玻璃相）。钢渣的硅含量比高炉渣低，因此，即使钢渣快速冷却，其所得的玻璃相比例也相对较低。Tossavainen 等[6]研究了冷却速率对 BOF 渣、EAF 渣和 LF 渣矿相结构的影响。结果表明，快速冷却的 LF 渣除 MgO 的结晶相外，几乎完全为玻璃相；快速冷却的 BOF 渣和 EAF 渣显示出与缓慢冷却的 BOF 渣和 EAF 渣相似的矿相组成。Reddy 等[7]通过 XRD 分析发现，淬冷 BOF 渣中也存在明显晶体。

黄毅等[8]分析了热泼渣、热闷渣、风淬渣及滚筒渣四种处理方式的 BOF 渣的矿相组成及理化性质。结果表明，在物理性质上，热泼渣的粒度最大，风淬渣的粒度最小且分布较均匀；在化学组成上，热闷渣和滚筒渣中 f-CaO 含量较小；在矿相组成上，四种渣都包括 C_2S、C_3S、C_2F、CF 及 RO 相；热泼渣和热焖渣具有较少的钙铁酸盐相，而具有较多的 $Ca(OH)_2$ 相。

不同渣处理工艺的实质是热态熔渣的冷却速率和方式不同。研究者对充分熔融后的 BOF 渣以水淬、热泼、空冷和炉冷四种方式冷却，研究不同冷却速率下 BOF 渣矿相演变规律[9, 10]。结果表明，冷却速率越小，渣中的矿相种类越丰富，且分布形态越复杂。当熔渣快速冷却时，铁氧化物主要存在于玻璃相基体中。C_2S 是 BOF 渣冷却后的主要矿相，其晶体形状在急冷时为纺锤状，缓冷时为圆粒状。

综上，钢渣的矿相组成主要受钢渣成分、碱度及冷却制度的影响。钢渣成分越复杂，其矿相组成越复杂。

1.3　钢渣利用存在的问题

1.3.1　不安定性

基于炼钢工艺的特性，钢渣具有较高的碱度，其成分包含一定的 f-CaO 和 f-MgO。钢渣中 f-CaO 吸水后体积膨胀，会出现破碎和粉化现象。钢渣中 f-CaO 与 H_2O 的反应可用式（1.6）表示。在室温条件下，反应可自发向右进行。研究表明，钢渣中 f-CaO 在完全反应后的体积膨胀率约为 127.78%[11]。因此，当钢渣代替碎石应用于筑路和回填工程时，要特别关注钢渣的安定性，以防钢渣体积膨胀和破裂粉化。国外一般经洒水堆放半年后才能使用钢渣。我国钢渣用作工程材料的基本要求如下：陈化钢渣粉化率不能高于 5%，级配合适，块径不能超过 300mm，尽可能与适量粉煤灰、高炉矿渣或黏土混合使用，严禁将块状钢渣代替碎石作为混凝土骨料使用[12]。

$$CaO + H_2O = Ca(OH)_2 \pm 15.5cal/mol \qquad (1.6)$$

式中，$1cal = 4.1868J$。

钢渣热闷工艺处理可实现 f-CaO 和 f-MgO 消解稳定化，该工艺在封闭的空间内使得高温钢渣遇水产生大量饱和水蒸气，水蒸气与 f-CaO 和 f-MgO 发生反应，提高了钢渣的安定性[13]。虽然一些研究结果表明可以通过一定的手段消除钢渣中的不稳定因素，但是目前仍缺乏经济效益明显、推广度高的工艺和方法。

1.3.2　有害金属 Cr(Ⅵ)可溶性

在存储和处置过程中，不锈钢渣中的 Cr 由于其潜在的淋溶毒性而需要特别关注。熔炼后不锈钢渣中的 Cr 主要以金属 Cr 和三价铬 Cr(Ⅲ) 形态存在。经过细磨、磁选提铁后，不锈钢渣中的 Cr 主要为 Cr(III)，而 Cr(III)主要以 Cr_2O_3 的形态固溶于硅酸盐相或与 MgO、FeO 结合形成稳定的尖晶石相。Cr_2O_3 形态的 Cr(III)具有较高的化学活性，在碱性环境中容易被氧化成 Cr(VI)。Cr(VI)由于具有氧化性，被美国环境保护局（U.S. Environmental Protection Agency，USEPA）确认为 129 种重点污染物之一[14]。根据含 Cr 钢渣的产生特点和矿相分析，可将渣中的 Cr 划分为五种形态：水溶态、酸溶态、结合态、结晶态和残余态。残余态一般是指未发生反应的铬铁尖晶石，由于其具有较强的稳定性，一般不会发生溶出。结晶态和结合态是指发生凝聚或结晶的部分，也具有较强的稳定性。水溶态的含 Cr 矿相（铬酸钠、铬酸钙等）由于具有很强的水溶性，Cr 很容易转移到水相中，这就使得含 Cr 钢渣具有较强的毒性[15]。Cr(VI)的溶解性、迁移性和生物毒性都远高于 Cr(III)。

一般情况下，不锈钢渣中的 Cr 主要赋存于尖晶石相中。尖晶石相是一种很稳定的矿相，在酸性和碱性条件下不易发生溶解，这也是与 Cr 渣相比，不锈钢渣污染性小的重要原因。基于不锈钢渣的非平衡冷却，Cr 可以存在于多种矿相中。根据不锈钢渣中各类矿相的溶解特征，一般将其分为两类[16]：第一类为水溶性矿相，如果 Cr 赋存在这类矿相中，就会在水溶液中发生溶出，并在自然条件下发生氧化而产生 Cr^{6+}，危害环境和人体健康；第二类为稳定性矿相，这类矿相在水溶液中不易发生溶解。水溶性矿相主要包括硅酸二钙相（C_2S）、蔷薇辉石相（C_3MS_2）、钙镁黄长石相（C_2MS_2）等，而稳定性矿相为尖晶石相等[17]。水溶性矿相中固溶少量的 Cr 就可使 Cr 的溶出量达到较高水平。因此，减少 Cr 在水溶性矿相中的含量、促进 Cr 向尖晶石相富集是降低 Cr 溶出风险的重要措施。

当不锈钢渣长期处于自然堆存或填埋状态时，长年的老化作用及雨水淋溶可以将不锈钢渣中的 Cr 淋溶而出，进入水体及土壤环境。尤其是高毒性的 Cr(VI)具有较强的植物积累性，通过食物链进入人体后会导致贫血与肠道疾病，并且可以通过复杂的多方面作用机制，包括氧化应激、表观遗传变化、染色体和脱氧核糖核酸（deoxyribonucleic acid，DNA）损伤等，诱导毒性和致癌作用。因此，必须考虑不锈钢渣处置和资源化利用过程中 Cr 的淋溶风险。实现 Cr 的稳定化、解决 Cr 的溶出氧化问题是实现不锈钢渣无害化的关键因素[17]。

1.3.3 其他重金属可溶性

在冶炼过程中，由于原料来源、成分和生产方式不同，钢渣成分有很大区别。除 Cr 元素外，钢渣中还含有 Mn、Cu、Cd、Ni、As、Zn 和 Pb 等重金属元素。其中，Mn 元素主要存在于二价金属氧化物固溶体（RO）相和矿相晶格中，而 Zn、Cu、Ni、Pb、Cd 和 As 等重金属元素的化学形态较不稳定，在雨水的冲刷和浸泡作用下，易在环境中发生迁移转化，污染周围的土壤及水源，具有潜在的环境风险[18]。

在钢铁冶炼过程中，为调整钢渣性质，通常加入菱锰矿造渣。因此，Mn 是钢渣中含量较高的重金属元素。研究表明，Mn 在钢渣中主要赋存于 RO 相和 Fe-Al-O 相中，在酸性溶液环境中（pH＝3～4），钢渣中 Mn 元素呈现前期快速浸出、后期浸出速率降低的特点[19]。因此，Mn 元素的浸出量随着时间的延长而增大，在钢渣堆放后期应注意 Mn 元素的溶出对周围水资源环境的影响。

钢渣中重金属的浸出是一个复杂的物理化学过程，不同重金属溶出的影响因素也不相同[20]。环境温度、溶液 pH、比表面积、结合形态、浸泡时间等均会对重金属离子溶出造成影响。溶液 pH 对钢渣中重金属释放起着至关重要的作用。浸出过程中，溶液环境中的 H^+ 与钢渣中重金属元素进行离子交换，且较低的溶液 pH 更易于钢渣中重金属的溶出。另外，钢渣颗粒大小是影响其重金属浸出的另一个重要因素。钢渣中重金属在溶液中的浸出量呈现出"细粒径＞粗粒径＞块状渣"的顺序[21]。因此，在酸雨多发或土壤酸性较大的地区，应结合当地气候谨慎使用钢渣制品。

1.4　本章小结

本章主要介绍了钢渣的产生方式、成分组成、矿物属性，以及钢渣在处理和堆存过程中存在的潜在危害。受冶炼工艺、造渣方式、钢种成分、冷却制度等因素的影响，不同企业的钢渣化学成分和矿物属性差异较大。另外，钢渣中含有 f-CaO、f-MgO、Cr 和其他重金属元素，使得钢渣在处理和利用过程中存在风险。因此，从生态化处置钢渣角度而言，需协同考虑钢渣的无害化处理和资源化利用。

第 2 章 钢渣的处理与利用

提高冶金固体废弃物的回收率和利用率是从业者坚定不移的目标,对于生态环境保护和资源循环利用具有重大意义。钢渣有内部循环和外部循环两个应用渠道。在内部循环中,金属铁是主要回收目标,磁选后剩余的钢渣可用作高炉熔剂、烧结熔剂、炼钢添加剂和造渣剂。然而钢渣体量巨大,成分结构复杂,企业内部难以完全消化。因此,钢渣在其他领域的应用技术不断发展,主要用于道路工程、建筑材料、玻璃陶瓷、废水处理、土壤改善等。随着国内外相关政策的支持和人们环保意识的提升,钢渣资源化利用正向着多元化、系统化、高值化方向发展。

2.1 钢渣的处理方法

为了降低钢渣的污染能力、提升钢渣的利用水平,人们通常在热态钢渣的冷却过程中对其进行处理。目前钢渣常见的处理方法如图 2.1 所示[22]。

2.1.1 热泼法

热泼法是 20 世纪 70 年代引进并发展的钢渣处理工艺。热泼法工艺的具体过程如下[13]:熔融钢渣倒入渣罐后运输至热泼车间,用吊车将熔融钢渣分层泼到渣床上或渣坑内;通过喷淋适量的水,使高温钢渣快速冷却和破碎;冷却后钢渣装载并运至弃渣场。热泼法工艺流程如图 2.2 所示。

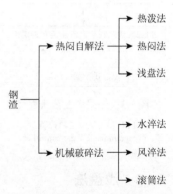

图 2.1 钢渣常见的处理方法[22]

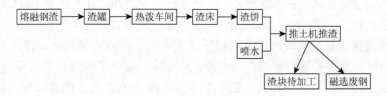

图 2.2 热泼法工艺流程

热泼法具有流程简单、运行成本低、设备投资少等优点。但是，钢渣采用热泼法工艺处理过程中产生的大量蒸汽对车间的环境影响较大。此外，热泼法处理工艺需要较大的场地，渣场周转时间长。据统计，通过热泼法工艺处理钢渣，钢渣中的 f-CaO 含量达到 5%～15%（质量分数），浸container膨胀率为 5%～10%[13]。因此，采用热泼法处理工艺，钢渣的稳定性较差，难以直接在建筑等领域应用。

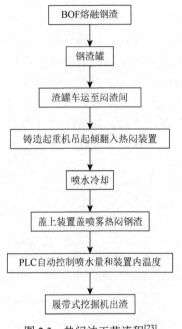

图 2.3 热闷法工艺流程[23]

PLC 指可编程逻辑控制器
（programmable logic controller）

2.1.2 热闷法

热闷法是实现钢渣高附加值应用较有前景的预处理方法。其工艺原理是将 200～1500℃的钢渣倾翻在热闷装置中，通过喷水产生的蒸汽与钢渣中的 f-CaO 和 f-MgO 反应，进而使钢渣膨胀粉化，提高了钢渣的安定性。热闷法工艺流程如图 2.3 所示[23]。

相较于热泼法，热闷法处理时间较短、处理效率较高。此外，钢渣中的铁大多被其他矿相包裹，是制约铁磁选回收效率的关键因素。钢渣热闷法处理工艺可利用自身余热与蒸汽反应，促进了钢渣破碎，提高了渣铁分离效率，为铁磁选回收创造了良好的条件。但是，传统钢渣热闷法处理工艺存在热闷渣板结等问题。此外，热闷法工艺处理过程中易发生喷爆，影响热闷顺利进行。

2.1.3 浅盘法

浅盘法工艺的具体过程如下：在钢渣车间安装高架破渣盘，利用吊车将渣罐内液态钢渣泼在浅盘内，通过喷水冷却使得钢渣急速降至 700℃左右，钢渣在快速冷却过程中会产生龟裂，实现破碎的目的；将浅盘上的钢渣翻入排渣台车，二次浇水冷却至 200℃左右，翻入大水渣池进行三次冷却，直至降至 100℃以下。此时，钢渣的粒度一般为 5～100mm。浅盘法工艺流程如图 2.4 所示[24]。

采用浅盘法处理钢渣通常具有以下优点[25]：①用水冷却液态钢渣，处理时间较短；②整个过程采用喷水或在水池浸泡中完成，减少了钢渣粉尘对环境的污染；③由于钢渣经历了三次水冷却，钢渣中 f-CaO 和 f-MgO 含量明显降低，有利于提高钢渣的安定性；④钢渣经过浅盘法处理后，粒度较小且均匀，有利于简化破碎、

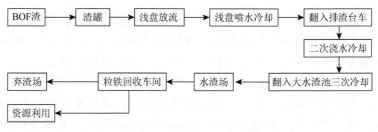

图 2.4　浅盘法工艺流程[24]

筛分工序。但是，钢渣经过多次冷却，产生大量蒸汽，对厂房设备的影响较大，尤其对起重机等的寿命影响严重。

2.1.4　水淬法

水淬法是将熔融钢渣与水柱碰撞而被冷却的工艺。水淬法工艺的具体过程如下：熔融钢渣由 BOF 倒入底部带孔的渣罐中；渣罐运送至水淬池后，打开渣罐的渣孔使液态钢渣流出，并与压力水喷头喷出的压力水柱相遇，钢渣被水击碎后与水一起落入水渣池中；用抓斗抓出渣池中的大部分水淬渣并自然脱水后存于渣场或运至后续工序。水渣池中剩余的水和钢渣通过沉淀池沉降后，水回收到水池中，并通过水泵将水存入水塔中循环使用。水淬法处理钢渣的关键是保证足够的水压将钢渣击碎成细粒，防止爆炸，同时需要足够大的水量将钢渣的热量带走。水淬法工艺流程如图 2.5 所示[25]。

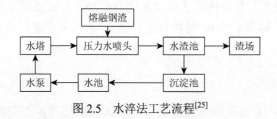

图 2.5　水淬法工艺流程[25]

水淬法处理过的钢渣中部分钢液会被水淬成钢粒，钢粒多呈圆球形，而钢渣通常呈现疏松、多细孔、不规则的棱角状。目前水淬法处理钢渣的问题主要如下：①罐底的渣流出量主要受孔径控制，由于侵蚀和结渣，很难准确把握渣水比；②渣流动性较差，开堵流渣口较为困难，人工堵孔危险性较高；③BOF 出渣过程中容易带钢，易造成漏罐，发生危险。

2.1.5　风淬法

风淬法是利用高速气流将高温液态钢渣流股迅速击碎为细小液滴的工艺。风淬法工艺的具体过程如下：用渣罐盛装钢渣后，将钢渣运送至风淬装置处，此时液态钢渣被鼓风机喷出的空气吹散并迅速凝结成固态，炉渣温度从 1500℃左右迅速降至 1000℃左右；锅炉可对鼓入的空气加热，干燥器进一步降低进入锅炉内空气的湿度，两者结合，增加风淬过程中的热交换效率；冷却后的钢渣颗粒落入粒化渣槽中，进行初步收集和分离；通过皮带系统，钢渣颗粒被输送到后续处理或储存区域；钢渣被运送至储渣槽中并外运。风淬法设备布局如图 2.6 所示[26]。

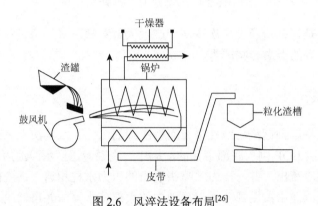

图 2.6 风淬法设备布局[26]

与水淬法相比，风淬法处理钢渣所需的供水系统较为简单，基础建设投资较少。由于钢渣在高压空气中快速冷却，钢渣中的 C_2S 可保持为 $\beta\text{-}C_2S$，因此风淬法工艺处理后的钢渣一般不会大量粉化。此外，风淬法还具有安全高效、工艺成熟、污染小等优点。但是，利用风淬法处理的钢渣需要具有较高的流动性。若风淬气体选择空气，则粒化钢渣中的 Fe 易被氧化，磁选回收 Fe 资源的难度将明显增大[27]。

2.1.6 滚筒法

1998 年 5 月，宝钢建成了世界上第一台滚筒法处理液态钢渣的工业化装置，即第一代宝钢短流程处理渣（Baosteel slag short flow，BSSF）装置。BSSF 滚筒法工艺流程如图 2.7 所示[2]。BSSF 滚筒法的核心设备是滚筒装置，滚筒装置主要由装料溜槽、滚筒（里面放置一定数量的钢球）、排汽管、电机等组成。将 BOF 渣倒入渣罐并置于渣罐台车中，通过行车将渣罐台车运至渣处理场。用吊车将渣运到滚筒装置的装料溜槽顶上，并以一定的速度倒入滚筒装置。液态钢渣在水的作用下迅速冷却结块。随着滚筒的转动，结块的钢渣在钢球的击打和研磨作用下形成粒状钢渣。在滚筒装置处理过程中，产生的烟气通过烟囱排放。处理后的粒状钢渣通过链板输送机运至粒铁分离车间，分别通过振动给料机、磁选机、分流料槽实现渣和铁的分离。处理后的渣料被装车外送，进行进一步处理或回收利用。

另外，滚筒装置中的水被送入汇集池，通过沉淀池沉淀处理后，水通过水泵循环送入滚筒装置中使用。

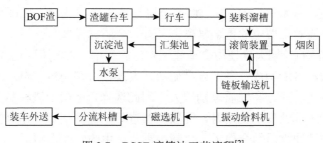

图 2.7　BSSF 滚筒法工艺流程[2]

目前宝钢在生产过程中采用"一炉一装置"形式，即为每一个 BOF 配备 BSSF 装置。多年的生产实践表明，BSSF 滚筒法处理液态钢渣具有流程短、投资少、环保好、成本低，以及处理后钢渣稳定性高等优点[2]。

2.2　钢渣的资源化利用途径

2.2.1　土壤改良

钢渣中含有多种植物所需的营养物质，且其碱性特征有利于改善酸性土质，可用于制备肥料和土壤改良剂。硅可以增强作物的抗病能力[28, 29]，土壤缺硅已成为限制作物产量的一个重要因素。钢渣中 Si 含量丰富，有效 Si 质量分数达 10%～35%[30]。钢渣可作为硅肥改善土壤缺硅问题，促进作物生长。相关研究人员探究了钢渣硅肥对水稻生长和抗病性的影响[31]，发现钢渣硅肥可显著提高水稻茎叶干重和籽粒产量，提高水稻的抗病性，对水稻增产有显著促进作用。此外，钢渣硅肥对白菜也具有一定影响。研究指出，钢渣能促进白菜生长，降低白菜的病害发生率[32]。

近年来，随着氮肥的过度使用，土壤酸化问题日益严重。土壤酸化不仅激活了土壤中的铝，使作物中毒、生长受阻，而且加速了土壤养分流失，降低了作物产量，加剧了土壤重金属污染[33]。钢渣具有碱性，且比表面积大、孔隙率高，可作为酸性土壤改良剂来提高土壤 pH，改善土壤酸化。研究表明，钢渣使土壤 pH 提高了 0.17～2.68，提高了矿质元素丰度及农作物产量。

此外，钢渣还可用于修复重金属污染土壤。钢渣提供了土壤中重金属离子与 OH⁻反应的碱性环境。钢渣中的 Ca_2SiO_4 发生水化反应，生成 C—S—H，使土壤中的重金属离子固化，C—S—H 吸附或与重金属离子发生反应，从而达到修复土壤的目的[34]。Zhang 等[35]研究了钢渣微粉对重金属污染土壤的修复效果，发现在第 14 天时，重金属离子的固化效果可达 91%，推测其修复机制是钢渣中的 Ca_2SiO_4 发生水化反应，生成 C—S—H，将重金属包裹起来，从而实现固化。此外，有文献报道，钢渣对土壤中的重金属离子具有一定的选择性[34]。

但是，钢渣的长期大量使用会造成一定的副作用，如土壤硬化或重金属污染。有研究将钢渣与锰渣制成一种混合型肥料，发现混合型肥料较单一肥料更有效。此外，不同钢渣的成分和性质差别较大，因此选择合适的钢渣种类至关重要。钢渣作为肥料和土壤改良剂使用时，需要对其进行全面评估，并结合预处理手段，间歇使用或与其他物质结合使用，可减少钢渣产生的负面影响。

2.2.2 海洋生态修复

钢渣由于孔隙率高、比表面积大，对海洋环境改善具有一定作用。随着全球变暖，海水温度逐渐升高，导致了严重的珊瑚白化问题。海水温度长时间维持在 30℃以上，破坏了珊瑚与其共生藻类之间的关系，珊瑚发生白化现象，直至完全变白。若长时间持续白化状态，珊瑚就会死亡，极大地影响由珊瑚构成的海洋生态。2016 年，人们发现澳大利亚 80%的大堡礁出现白化现象。由于珊瑚虫的骨骼主要由 $CaCO_3$ 构成，利用钢渣制备人工珊瑚来改善海洋生态已成为应对之策。

日本科研工作者在广岛县内陆海域的海底放置了钢渣[36]，3 个月后，海洋植物和贝类开始在钢渣表面定植生长，在渣块底部周围同样发现绿色海洋植物的生长痕迹，这表明渣块对改善水体环境有积极作用。在随后的实验中，他们将 15 块碳酸化后的钢渣排列成金字塔形状，并放置在海底[36]，用于改善由疏浚而造成的鱼群迁出现象，发现海洋植物开始在缝隙中生长，鱼群开始在新环境中栖息，水体生态得以改善。

由于海洋沙漠化，日本海岸线周围的海藻数量逐年减少，这被认为是气候变化、海水温度上升和洋流变化的直接原因。但是，也有人认为这可能是由海洋中矿物质含量的变化（如铁含量下降）引起的。鉴于此，日本新日本钢铁公司开发了一种由钢渣和腐殖质土壤组成的肥料[37]，钢渣的选择取决于其二价铁含量。2004 年 10 月，它被嵌入海底。2005 年 6 月，人们发现实验区的海带数量是非实验区的 100 多倍。同样地，海藻的生长也促使了鱼类繁殖。

钢渣还有可能被用于遏制气候变化[37]。浮游植物是微观生物，是海洋生态系统的重要组成部分，每年可吸收 $2kg/m^2$ 的 CO_2，在减少碳排放方面发挥了积极的作用。据日本学者估计，由于日本沿海藻类大量死亡，每年会损失 730 万 tCO_2 吸收量。研究发现，将碳酸化后的钢渣放置在海洋实验区数月后，水中溶解铁含量增加，海藻的 CO_2 吸收量也明显提升[38]。某些类型的浮游植物，特别是硅藻，在 Fe、Si、P 和 N 存在的情况下生长较快，这些物质可由钢渣提供[39, 40]。

日本沿海地区存在由疏浚引起的软黏土[41]。为了提高稳定性，研究者将砂注入地面至预定深度，使砂子形成柱子，使周围的黏土材料变得更加紧实、坚固[41]。其中，钢渣和矿渣可替代砂石[42]，通过碳酸化预处理或者与疏浚区域的一些黏土状土壤混合，可提升钢渣和矿渣的稳定性。

2.2.3　建筑材料制备

钢渣中含有 C_3S 和 C_2S 等具有胶凝活性的矿相，其水化过程与硅酸盐水泥相当。因此，钢渣可用于制备水泥和混凝土等建筑材料。但是，钢渣矿相结构复杂，元素共伴生严重，有效胶凝成分含量较低，使得钢渣的水化能力难以完全发挥，限制了其应用领域。目前提高钢渣水化活性的方法主要有四种，包括机械激发[43]、化学激发[44]、高温活化[45]和碳酸化活化[46]，其中，机械激发是最常用的。机械激发一般通过研磨钢渣来减小粒度、增大表面积。但是，随着钢渣粒度的减小，钢渣颗粒容易结块，这将明显降低研磨效率，并且很难通过继续研磨来提高钢渣的水化活性。

大量研究表明，钢渣的粒度影响其胶凝活性[47, 48]。钢渣粒度的减小导致钢渣比表面积增大，表面能增大，颗粒表面反应活性提高，从而提高了钢渣的胶凝活性。因此，适当小的粒度可以提高钢渣的胶凝活性。钢渣微粉因其比表面积大、活性高而受到广泛关注。将磨细的钢渣粉掺入水泥混凝土中，可有效提高混凝土的强度[49]。

研究表明，在钢渣水泥中合理地添加粉煤灰，可提高水泥的稳定性和力学性能[50]。Fang 等[51]用钢渣和粉煤灰代替部分水泥，发现适量添加钢渣可以有效提高水泥的抗压强度，提高水泥的活性，适量添加粉煤灰可以有效提高水泥的后期强度。两者协同作用，水泥的综合力学性能得以显著提升。

Zheng 等[52]以矿渣和硅灰为原料，研究了添加物对钢渣胶凝活性的影响。结果表明，当硅灰掺量为 2%（质量分数）、矿渣掺量为 15%（质量分数）时，钢渣的 3 天和 28 天抗压强度分别提高了 18% 和 28%，说明硅灰和矿渣的掺量可以提高钢渣的活性。钢渣除与矿渣配合使用外，还可直接加入水泥熟料煅烧过程中。在水泥熟料煅烧过程中加入钢渣可以降低水泥成本，提高水泥性能。

钢渣还可通过化学处理提高活性[53]。图 2.8 为钢渣碳酸化反应示意图。碳酸化反应降低了钢渣中 f-CaO 含量，生成 $CaCO_3$ 晶体。$CaCO_3$ 会填充胶凝材料的孔隙，提高胶凝材料的稳定性，最终显著提高胶凝材料的强度[28]。

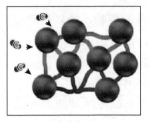
(a) 碳酸化前

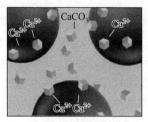
(b) 碳酸化反应放大图

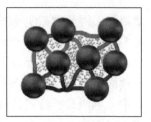
(c) 碳酸化后

图 2.8　钢渣碳酸化反应示意图[28]

2.2.4　废水处理

钢渣由于具有较大的比表面积、疏松多孔的特性，吸附性能较好，常用于制备废水处理剂。但未经处理的钢渣对废水的吸附效率往往较低。这一方面是钢渣的部分成分导致钢渣表面活性低，另一方面是一些预处理方法导致钢渣表面致密、孔隙率低[54]。因此，通常对其进行改性以提高钢渣对废水的吸附效率。无机改性、复合改性和高温活化改性是钢渣的三种基本改性方法。无机改性是指用酸、碱、盐等无机试剂对钢渣进行改性；复合改性是指钢渣与其他吸附材料混合；高温活化改性是指在高温条件下对钢渣进行处理，达到改性目的。近年来学者发表了大量关于利用钢渣处理各种废水的研究，涉及矿山废水、工业废水[55]和染料废水等[56]。

钢渣吸附废水中的重金属离子主要包括物理吸附和化学吸附。物理吸附主要依靠钢渣表面孔隙与污染物之间的范德瓦耳斯力。化学吸附主要依靠钢渣组分与重金属离子之间的化学合成反应，主要有化学沉淀、还原、离子交换和表面配位四种形式[57]。因此，钢渣能有效吸附含重金属离子的废水。

废水中含有多种重金属离子，主要有 Zn^{2+}、Cu^{2+}、Cr^{6+}、Hg^{2+} 和 Pb^{2+} 等。这些重金属离子存在严重污染水源、危害人体健康等风险。Cr^{6+} 是剧毒离子，可以致癌。Zhu 等[58]利用钢渣去除废水中的 Cr^{6+}，研究发现，钢渣中的还原性物质将 Cr^{6+} 还原为 Cr^{3+}，并且在钢渣产生的碱性环境中，Cr^{3+} 与废水中的 OH^- 或钢渣中的 FeO 和 Fe_2O_3 反应形成沉淀，从而使废水中 Cr^{6+} 的去除率高达 80%。反应机理见式（2.1）～式（2.5）。

$$FeO + 2H^+ \longrightarrow Fe^{2+} + H_2O \tag{2.1}$$

$$6Fe^{2+} + Cr_2O_7^{2-} + 14H^+ \longrightarrow 6Fe^{3+} + 2Cr^{3+} + 7H_2O \tag{2.2}$$

$$2Fe + Cr_2O_7^{2-} + 14H^+ \longrightarrow 2Fe^{3+} + 2Cr^{3+} + 7H_2O \tag{2.3}$$

$$Cr^{3+} + 3OH^- \longrightarrow Cr(OH)_3(s) \tag{2.4}$$

$$Fe^{2+} + xCr^{3+} + (2-x)Fe^{3+} + 8OH^- \longrightarrow Cr_xFe_{3-x}O_4(s) + 4H_2O \tag{2.5}$$

人工湿地已成为一种新的废水净化生态处理技术。人工湿地基质可以为微生物提供良好的生长环境，并通过其生物作用净化废水[59]。由于钢渣具有比表面积大、成本低、多孔性好等特点，许多研究者将其作为人工湿地基质来净化含磷废水。但是，钢渣中含有一定量的磷元素，使用钢渣存在潜在的磷释放风险。

目前研究的一个典型问题是改性钢渣仅用于处理废水中的单一污染物。实际上，废水中的污染物是复杂多样的，它们之间可能会相互作用，从而降低吸附效率。因此，需要对钢渣对废水中各种污染物的吸附开展更多的工业应用技术研究。

2.2.5　碳捕集

天然矿石的开采成本、运输成本和反应能耗是目前矿物碳酸化产业发展面临的主要问题。采用天然硅酸盐矿物进行的异地矿物碳酸化需要开采、提取和预处理等额外工序，导致成本提高，在排碳量较多的工业附近取材是降低成本的最佳选择，而水泥厂和钢铁厂正符合这一要求。钢渣、水泥窑灰和废弃混凝土等工业固体废弃物均富含 Ca/Mg 矿物，具有替代天然硅酸盐矿物进行固碳的潜力，利用这些工业固体废弃物进行矿物固碳有助于消化其填埋、堆置的存储压力，并且有利于降低矿物碳酸化成本。

钢渣中含有大量碱性金属氧化物，主要包括 CaO，是矿化封存 CO_2 的理想物料。碳酸化最终产物（$CaCO_3/MgCO_3$）的热力学稳定，这种固碳方式被认为是永久且安全的，而且碳酸化可以减少钢渣中微量有害元素的浸出，使 f-CaO 和 f-MgO 快速消解，有效解决钢渣安定性不良的问题，因此碳酸化固碳是促进钢渣处理及资源化利用的有效新方法[53]。Gunning 等[60]研究了 17 种工业固体废弃物对 CO_2 的固定封存能力，发现钢渣具有非常好的固碳能力。

目前，利用钢渣进行矿物碳酸化主要包括两个方面：①间接碳酸化生成纯 $CaCO_3$；②直接碳酸化生成碳酸盐混合物。直接碳酸化具有工艺简单、能耗低等优点，已成为钢渣碳酸化中主要的碳捕集方式[61]。直接碳酸化原理主要分为三部分：①将 CO_2 溶解于水中生成 HCO_3^- 和 CO_3^{2-}；②钢渣中的 Ca^{2+} 和水相中的 CO_3^{2-} 分别扩散到钢渣表面；③Ca^{2+} 与 CO_3^{2-} 反应生成 $CaCO_3$。$CaCO_3$ 沉积在颗粒表面或游离于水相。研究表明，合适的小粒径钢渣会有较好的碳酸化效果[62]，主要是因为其比表面积较大，更有利于矿化反应。不同种类的钢渣具有不同的 CO_2 固定效果，其固定能力不同的主要原因是钢渣中 f-CaO 含量不同[63]。

近年来，为了提高钢渣封存 CO_2 的效果，研究人员开发了一些新的处理工艺，如超声波辅助和复合煅烧[64]。超声波辅助能显著打开钢渣镀层，破碎渣粒，显著提高 Ca 浸出率，进而提高钢渣的碳酸化效果。刘建平等[65]研究了超声波辅助对钢渣中 Ca 浸出率的影响，结果表明，超声波辅助的 Ca 浸出率可达 96.7%，这是由于超声波能有效打破钢渣颗粒表面残留 SiO_2 形成的多孔钝化层。也有研究者通过复合煅烧提高了碳酸化效果。张雄[66]利用沸石代替部分钢渣，通过复合煅烧提高了炉渣的碳酸化性能。

钢渣碳酸化后释放 CO_2，可制得高纯 CO_2。这种方法通常成本高、天然气利用率有限、商业价值低。利用碳酸化钢渣生产建筑材料因其经济性和商业性而成为研究热点。由于钢渣中 f-CaO 含量高，体积稳定性差，明显限制了钢渣在建筑材料领域的应用。钢渣碳酸化后制备的建筑材料具有较高的早期强度，提高了体积稳定性，成为优质建筑材料[61]。因此，利用钢渣碳酸化固定 CO_2 及其产物生产建筑材料将成为一种具有商业价值的钢渣处理手段。

2.3　本 章 小 结

本章主要介绍了钢渣的处理方法及其资源化利用途径。钢渣常见的处理方法有热泼法、热闷法、浅盘法、水淬法、风淬法和滚筒法。基于其成分及矿相属性特点，钢渣可应用于土壤改良、海洋生态修复、建筑材料制备、废水处理和碳捕集等领域。但是，由于钢渣成分波动大、安定性差，且含有有毒和重金属元素，目前我国钢渣资源化利用率不足 30%。以国家战略和产业需求为导向，聚焦国民经济主战场，开发具有规模化应用前景的钢渣综合利用技术，是从根本上提高钢渣资源化水平的重要途径。

第3章 钢铁行业碳排放与碳减排技术

人类的工业化进程是一个能源大量消耗的过程，其中80%～85%的能源为化石能源，化石能源的燃烧过程伴随大量碳排放。近年来，温室效应恶果逐渐显现，气候问题、生态问题和自然灾害问题频繁光顾地球，全人类的生存都面临着威胁，降低碳排放已成为国际共识。国际上普遍采用提高能源转化效率、开发低碳能源、发展再生能源和CO_2存储与固定（碳捕集）四种手段进行碳管理。随着科技的不断进步，前三种碳管理手段发挥出越来越大的作用，但是，在世界能源消耗发生结构性调整之前，这三种方法并不能完全控制大气中CO_2含量逐渐增加的趋势。碳捕集作为唯一能降低大气中CO_2含量的碳管理手段而越来越被人们所重视。国际上采用的碳捕集方法主要有海洋埋存、植物固碳、地质埋存、矿物碳酸化固定和工业应用等。

我国钢渣利用率普遍较低，大量钢渣未得到及时处理和利用，特别是在道路建设中，我国钢渣利用率远低于发达国家。另外，钢铁行业属于能源密集型产业，冶炼过程中除了产生冶金渣，还伴随着冶金废气的排放。基于我国政府提出的"双碳"目标，工业和信息化部、国家发展改革委和生态环境部强调深入推进绿色低碳，落实钢铁行业的碳减排尤为重要。本章系统介绍钢铁行业的碳排放现状，并进一步对比分析常见的碳减排技术。

3.1 碳排放与温室效应

迄今为止，全球气候变化的趋势已经得到越来越多的证实[67]。碳排放是全球气候变化的主要驱动因素[68]。表3.1列出了温室气体的种类、来源、每年的增长率及其对温室效应的影响率。

表3.1 温室气体的种类、来源、每年增长率及其对温室效应的影响率（单位：%）

温室气体种类	温室气体来源	每年的增长率	对温室效应的影响率
CO_2	燃烧化石燃料	0.5	66
CH_4	种植业和养殖业，开采化石燃料	0.9	20
CFC	制冷作业和喷雾剂	4	10
N_2O	燃烧过程	0.25	4

注：CFC指氯氟化碳（chlorofluorocarbon）。

世界碳排放与其经济发展和能源使用是分不开的。据统计，全球排放的 95% 的 CO_2 与能源有关，而人类活动排放的 84% 的 CO_2 源于能源使用。如表 3.2 所示，基于 2020 年全球温室气体排放数据，可以明确各部门的全球碳排放情况[69]：几乎 3/4 的碳排放来自能源使用（电能、加热和运输）；工业能源占比最大，达到 24.2%，其中，钢铁厂的碳排放占比达 7.2%。

表 3.2　各部门的全球碳排放（单位：%）[69]

排放部门	碳排放占比	子部门及其碳排放占比
运输	16.2	道路 11.9
		航空 1.9
		铁路 0.4
		管道 0.3
		船舶 1.7
建筑	17.5	居民建筑 10.9
		商业建筑 6.6
工业能源	24.2	钢铁厂 7.2
		非金属材料 0.7
		机械 0.5
		食品和烟草 1.0
		造纸、纸浆、印刷 0.6
		石油工业 3.6
		其他工业 10.6
农业与渔业能源	1.7	—
其他燃料产生能源的相关排放（生物质发电和供热、热电联产、核工业和抽水蓄能水力发电等）	7.8	
能源生产的逸散性排放	5.8	煤炭工业 1.9
		石油和天然气 3.9
直接工业生产	5.2	水泥 3 化品品和石油化工产品 2.2
废弃物	3.2	废水 1.3 垃圾填埋 1.9
农业、森林和土地使用	18.4	—
总计	100	

钢铁行业对能源有极大的依赖，在生产过程中会排放大量的温室气体。我国

政府对水污染、大气污染和粉尘及固体废弃物的治理日益重视，制定了相关对策，并以市场机制促进企业减少碳排放。我国的钢铁、电力、化工、建材、造纸和有色金属等重点工业设立了碳排放权交易市场。

我国作为世界钢铁生产和消费中心，粗钢产量占全球粗钢产量的一半以上，加之我国钢铁以高炉-BOF 长流程生产工艺为主，导致碳排放量占全球钢铁行业碳排放量的 60%以上。钢铁行业是世界各国关注的重点碳排放行业，是在所有制造业领域碳排放量最高的行业，也是落实碳减排的重要领域。

3.2　钢铁行业碳排放

钢铁生产由许多相互连接的复杂工序组成，其碳排放也来源于多个部门。大部分 CO_2 直接排放来源于高炉冶炼过程中铁矿石的还原反应，以及各工序碳的燃烧反应。一般而言，生产 1t 粗钢会排放 1.5～2tCO_2 气体，技术相对落后的小企业会排放超过 2tCO_2 气体[70]。图 3.1 为典型钢铁工业的碳排放量。

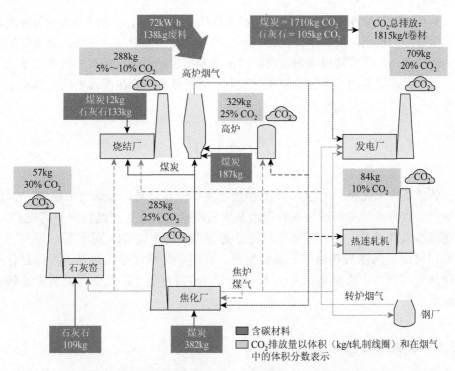

图 3.1　典型钢铁工业的碳排放量（扫封底二维码可见彩图）[71]

由图 3.1 可知，钢铁生产过程中，CO_2 的主要排放源依次为发电厂、高炉、焦化厂、烧结厂、钢厂和石灰窑等。钢铁行业中的碳排放主要来自燃料燃烧、生产过程中化学反应和电力消耗产生的间接排放。主要的碳排放来自高炉，它占大气中钢铁碳排放量的 69%。在高炉中，大多数生产反应是通过消耗大量的能量来实现的。冶炼 1t 生铁可产生 $1600 \sim 3000 m^3$ 的高炉烟气。其中，CO 体积分数为 $15\% \sim 30\%$，CO_2 体积分数为 $10\% \sim 15\%$，其余主要为氮氧化物等。BOF 煤气中，CO 体积分数为 $60\% \sim 80\%$，CO_2 体积分数为 $15\% \sim 20\%$。除此之外，其他冶金尾气中的 CO_2 体积分数也基本为 $5\% \sim 30\%$，低浓度 CO_2 和复杂的组分给碳捕集造成了一定困难。

使用天然气、氢气、生物质替代煤炭和焦炭，可显著降低钢铁企业的碳排放[71]。但是，天然气分布、氢气和生物质制备技术与成本等因素限制了其在钢铁行业的大规模应用。此外，使用废钢和无碳燃料可使钢厂减少 $30\% \sim 80\%$ 的碳排放。同样，这依赖于废钢和无碳燃料的可用性。作为碳排放大户的钢铁行业，其以化石燃料为主的能源结构短期内无法彻底改变，寻找低成本清洁能源，在降低过程能耗的同时，协同开发末端减排技术，才能保障钢铁行业"双碳"目标的如期达成。

从行业发展周期的大规律来看，我国钢铁行业已处在数量时期的减量阶段、高质量时期的重组阶段和中间过渡的环保阶段三期叠加时期，正向高质量时期低碳阶段演进，低碳发展成为新发展阶段的重要标志。未来，低碳发展意义重大，是一场广泛而深刻的经济社会系统性变革，对钢铁行业产生深远影响，将重塑全行业乃至经济社会发展格局。

3.3　CCUS 技术

碳捕集技术在整个 CCUS 体系中居于主导位置，是冶金烟气中捕集 CO_2 的关键[72]。碳分离技术是通过各种手段从大气中或者工业生产过程中分离出 CO_2，从而减少其排放量。碳利用主要是将分离富集的高浓度 CO_2 用于制备相关工业产品，可促进钢铁与其他产业耦合发展。碳封存是通过地质封存、海洋封存和矿化封存等技术，将捕集的 CO_2 长期、安全地封存起来，避免其重新释放到大气环境中。

3.3.1　碳捕集工艺

1. 燃烧前捕集

燃烧前捕集主要是指在燃料燃烧前，将碳从燃料中分离出去，参与燃烧的燃

料主要是 H_2，避免燃烧过程中产生大量 CO_2。对于煤而言，预处理可采用气化技术，在气化炉内通过水汽转化反应生成主要由 CO 和 H_2 组成的合成气。经过冷却，混合气体在催化反应器中发生催化重整反应，生成以 H_2 和 CO_2 为主的水煤气。在进一步提纯和压缩后，高浓度的 H_2 作为燃料直接使用，而较高浓度的 CO_2 在 H_2 压缩提纯前被捕集，相关反应如式（3.1）～式（3.3）所示。燃烧前捕集可以应用于以煤为燃料的综合气化联合循环（integrated gasification combined cycle，IGCC）发电厂[73]。

$$煤 \longrightarrow CO + H_2 \tag{3.1}$$
$$CO + H_2O \longrightarrow H_2 + CO_2 \tag{3.2}$$
$$CH_4 + H_2O \longrightarrow CO + H_2 \tag{3.3}$$

天然气主要含 CH_4，同样可通过水汽转化反应增加 H_2 含量，转化为含 H_2 和 CO 的合成气。后续的碳捕集过程与使用煤燃料的碳捕集过程相同。Hoffmann 等[74]对采用燃烧前碳捕集系统的天然气运行的先进联合循环燃气电厂进行了性能和成本分析，得出系统的 CO_2 捕集效率为 80%，可减少成本 29 美元/tCO_2。

2. 燃烧后捕集

燃烧后捕集是指在燃烧后从烟气中去除 CO_2，是工业末端减碳的优选碳捕集方案。在大多数情况下，对烟气中 CO_2 的捕集可通过溶剂洗涤实现。废气中的 CO_2 与洗涤剂接触后通过化学反应被捕集。通过回收加热洗涤液，CO_2 可以再次释放，进而实现 CO_2 的分离富集及洗涤剂的循环再生。另一种方法是干吸附，是使 CO_2 通过物理或化学作用与固体吸附剂结合。膜技术也可用于燃烧后捕集，实现选择性分离烟气中的 CO_2。

由于燃烧烟气中的 CO_2 含量通常较低（燃气中 CO_2 体积分数约为 5%，燃煤中 CO_2 体积分数约为 15%，冶金烟气中 CO_2 体积分数不超过 30%），为了达到运输和封存所需的 CO_2 体积分数（大于 95%），需要采用燃烧后捕集来分离富集出高浓度 CO_2。但是，美国国家能源技术实验室估计，燃烧后捕集 CO_2 将使发电成本增加 70%[75]。

3. 富氧燃烧

富氧燃烧主要是指利用 O_2 替代空气参与燃烧反应。排出气体中没有 NO_x，有利于后续 CO_2 的分离。此外，排出气体的热值增加。由于使用纯 O_2 进行燃烧，烟气的主要成分是 CO_2、水、颗粒物和 SO_2。传统的静电除尘器和烟气脱硫法可分别去除烟气中的颗粒物和 SO_2。剩余的气体含有高浓度 CO_2（体积分数为 80%～98%），其浓度取决于使用的燃料。富氧燃烧工艺在技术上是可行的，但从空气中分离得到纯 O_2 需要消耗大量能量。此外，烟气中高浓度 SO_2 可能加剧系统的腐蚀问题。

3.3.2 碳分离工艺

1. 化学吸收

化学吸收属于燃烧后碳捕集技术，其原理是利用含有化学活性物质的碱性溶液对含 CO_2 酸性气体进行洗涤吸收，并与 CO_2 生成介稳化合物或者加合物，在减压或者加热条件下实现 CO_2 的解吸[75]。常用化学吸收法的特点与问题如表 3.3 所示。

表 3.3　常用化学吸收法的特点与问题

化学吸收法	特点	问题
热钾碱法	吸收热低，吸收量大，成本低	具有腐蚀性，腐蚀产物会在脱碳系统中积累
氨水法	再生能耗低	溶液循环量大，挥发性强
醇胺吸收法	吸收效率高，处理量大，技术成熟	碱性较弱，反应速率较慢

醇胺是氨的烃基衍生物，按照胺中氮原子上所连接的烃基数量可分为伯胺、仲胺和叔胺。图 3.2 为典型的醇胺分子结构。在醇胺分子结构中，至少存在一个羟基和一个氨基，羟基会减少溶液的蒸气压并增加其水溶性，氨基会增加吸收剂的碱性使得其吸收酸性气体的能力较强。

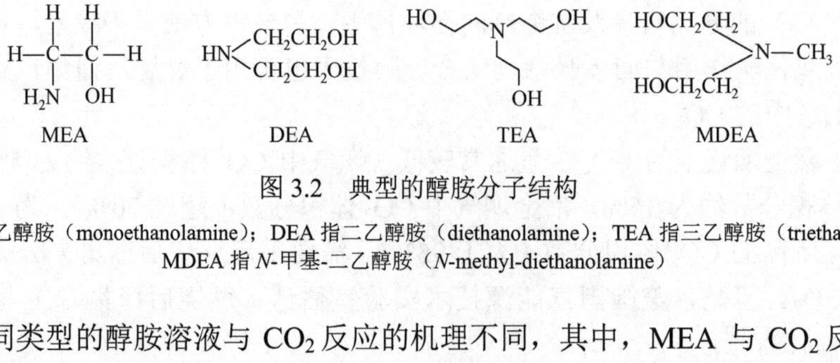

图 3.2　典型的醇胺分子结构

MEA 指一乙醇胺（monoethanolamine）；DEA 指二乙醇胺（diethanolamine）；TEA 指三乙醇胺（triethanolamine）；MDEA 指 N-甲基-二乙醇胺（N-methyl-diethanolamine）

不同类型的醇胺溶液与 CO_2 反应的机理不同，其中，MEA 与 CO_2 反应生成氨基甲酸盐，反应如式（3.4）所示。由于 MDEA 分子的氨基上没有活泼氢原子，其与 CO_2 反应生成 HCO_3^-，反应如式（3.5）所示。该方法反应速率较慢，但吸收容量较大、腐蚀性较小。鉴于不同醇胺溶液吸收 CO_2 的反应特性不同，为了提高吸收 CO_2 速率和容量，通常选择以 MDEA 为吸收剂主体，以 MEA 和 DEA 为促进剂[76-78]。该技术大规模应用的一个重要挑战是潜在的胺降解易导致溶剂损失、设备腐蚀，以及挥发性降解化合物产生等问题[79]。

$$CO_2 + 2HOC_2H_4NH_2 \longrightarrow HOC_2H_4NH_3^+ + HOC_2H_4NHCOO^- \quad (3.4)$$
$$CO_2 + H_2O + R^1R^2CH_3N \longrightarrow R^1R^2CH_3NH^+ + HCO_3^- \quad (3.5)$$

2. 物理吸收

物理吸收主要是指利用固体吸附剂吸附 CO_2 的方法，通常选择比表面积较大、选择性较强、再生能力较高的吸附剂。典型的吸附剂包括分子筛、活性炭、沸石、氧化钙、水滑石和锆酸锂。吸附的 CO_2 可以通过改变含有 CO_2 的饱和吸附剂的系统压力或温度来回收。变压吸附（pressure swing adsorption，PSA）法是一种已验证的工业可用的技术。在这个过程中，CO_2 在高压下优先吸附在固体吸附剂的表面，再将固体吸附剂转向低压（通常是大气压）环境，解吸释放出 CO_2。在变温吸附（temperature swing adsorption，TSA）法中，使用热空气或蒸汽注入来提高系统温度，从而实现 CO_2 解吸。TSA 法再生时间通常长于 PSA 法，但前者获得的 CO_2 纯度高于 95%（体积分数），回收率可达到 80%[80]。有报道指出，TSA 法的运行成本估计为 80~150 美元/tCO_2[81]。另外，利用工业和农业生产的残留物来制作 CO_2 吸附剂，有利于降低成本和促进资源循环，近些年引起了研究人员的极大关注。

3. 膜分离

膜分离是选择性允许 CO_2 通过而与其他组分分离的技术。这一过程中最重要的部分是选择性透过膜，它通常由复合聚合物制成，包括薄的选择性层和较厚的非选择性低成本层。这种方法也可用于分离其他气体，如从 N_2 和 O_2 的混合气体中分离 O_2，从天然气中分离 CO_2。陶瓷膜、金属膜及聚合物膜[82]在 CO_2 分离方面比液体吸收过程更有效。

4. 基于水合物的分离

基于水合物的分离是将含有 CO_2 的废气在高压下暴露于水中形成水合物。废气中的 CO_2 选择性地与水合物结合，并与其他气体分离。该机制基于 CO_2 与其他气体相平衡的差异，其中，CO_2 比其他气体（如 N_2）更容易形成水合物。该技术的优点是能耗小，CO_2 捕集水合物的能耗可低至 0.57kW·h/kgCO_2[75]。提高水合物形成速率和降低水合物压力，可提高 CO_2 捕集效率。四氢呋喃（tetrahydrofuran，THF）是一种与水混溶的溶剂，在低温下可以与水形成固体水合物结构。因此，THF 可促进水合物的形成。美国能源部对该技术给予了巨大关注。

3.3.3 碳封存工艺

1. 地质封存

地质封存是指将分离富集的 CO_2 直接注入地下 800~3500m 深度的地质构造

中，通过一系列岩石物理束缚、溶解和矿化作用，将 CO_2 封存在地质体中。封存地点的要求如下：①地层孔隙率足够高，以获得足够的储层空间；②足够的连通性，以允许流体从井筒进入地层；③足够高的渗透率，以平衡注入速率和压力。可用于封存 CO_2 的地质体通常有陆上咸水层、海底咸水层、枯竭油气田等。

在典型的储层条件下，CO_2 存在泄漏到地面的风险。因此，地层应该受到构造或地层圈闭的约束，这种结构可防止 CO_2 泄漏到较浅的地层或地面，并且向下凹的几何形状限制了 CO_2 的横向扩散。虽然在地层圈闭中 CO_2 泄漏的风险降低，但本质上并未完全消除，密封中的任何故障、裂缝或其他缺陷都可能导致注入的 CO_2 泄漏和逸出。因此，必须有其他捕集机制来确保注入 CO_2 的安全性。美国地质调查局估计，在美国境内陆上地区和州水域以下可开采的沉积地层的封存能力为 3000 亿 tCO_2[83]。

2. 海洋封存

虽然海洋封存技术还不成熟，但是其潜力巨大，且可消除其他碳封存方法易引起的多种问题，具有明显的优势。海洋通过海-气界面交换的自然过程，每年可净吸收约 20 亿 tCO_2[84]，接近全球每年碳排放总量的 1/3。若缺少此过程，则大气中 CO_2 质量分数将达 $450\mu g/g$，比现值高出 $55\mu g/g$[85]。尽管如此，该过程仍不能满足全球碳减排之需。在此背景下，Marchetti[86] 提出海洋封存的新理念。此后，人们沿着其思路评估了海洋封存的可行性及其潜力，并探索了海洋封存的具体实现途径。其中，将 CO_2 捕集、压缩后直接注入海洋或将其封存于海底沉积物是两种最重要的海洋封存途径。

因海-气界面的 CO_2 交换过程缓慢，且仅限于表层/次表层海水，人们开始探寻用人工方法加快海洋封存过程，提升海洋吸收 CO_2 的能力。海水能封存 CO_2 得益于以下机制。首先，海水中的碳主要以 HCO_3^- 形式存在，并与 H_2CO_3、溶解态 CO_2 和 CO_3^{2-} 构成相对稳定的庞大缓冲体系。其次，随着深度的增加，CO_2 会变得比海水致密，从而达到重力稳定状态，即在海洋中存在负浮力带。不仅如此，若海水深度足够大且富含 CO_2，则笼形的水分子能将 CO_2 吸附于其中并形成 CO_2 水合物，即存在水合物形成带，从而有利于海洋封存。水合物的生成过程为放热反应，从热力学角度分析，该反应可自发进行。

除海水可封存 CO_2 外，海底沉积物也是理想的碳封存场所。海底沉积物储层不仅碳封存潜力巨大，而且与陆地储层相比具有更优的物理、化学和水文地质等条件。因此，海底沉积物储层具有更广阔的碳封存前景。在大陆边缘浊积岩序列中的海底高渗砂岩可直接用于封存 CO_2，而海底基岩主要由玄武岩组成，其孔隙率和渗透率均较高，也可用于碳封存[87]。玄武岩富含 Ca、Mg 和 Fe 矿相，这些矿相具有碳酸化活性，能与 CO_2 反应生成对环境无害的稳定碳酸盐相，且在含水条件下其反应速率比硅酸盐反应快得多，因此具有作为矿物碳酸化封存 CO_2 的潜力[88]。所生成的碳酸盐不仅能永久封存 CO_2，而且可充填于裂隙和孔隙中形成低渗屏障，从而抑制 CO_2 的逃逸。在海底基岩上覆盖的低渗黏土和软泥等对 CO_2 起到类似盖层的阻隔作用[89]。因此，这种封存 CO_2 的方式被认为是永久且安全的。

海洋封存是一项优势明显、封存潜力巨大的新兴碳封存技术。但是，该技术也存在一定的风险：第一，将 CO_2 直接注入水中会引起海水酸化，若将 CO_2 封存于海底沉积物中，则可能会因注入时孔隙压力增高或水合物形成时温度增高导致其泄漏于海水中[90]；第二，CO_2 会使沉积物所处的环境酸化，从而在沉积物中引起一些化学反应，改变元素的存在形式及其溶解性和渗透性。

3. 矿化封存

相较于地质封存和海洋封存，矿化封存具有更低的碳释放风险，被认为是工业末端降碳的最可行方法。矿化封存的原理是 CO_2 与碱土金属氧化物生成稳定碳酸盐进而封存 CO_2。矿化封存包括原位矿化封存和非原位矿化封存。

1）原位矿化封存

原位矿化封存是指将 CO_2 直接注入地下的多孔岩石中，CO_2 可以直接与宿主岩石发生反应。原位矿化封存工艺无须运输反应物和最终产物，并且可以提供热量来加速碳酸化过程。其中，宿主岩石的选择至关重要。宿主岩石必须含有易溶解的金属阳离子，并具有足够的渗透性和孔隙率来封存注入的 CO_2 和碳酸盐矿物。大多数原位矿化封存研究集中在基性和超基性岩层，它们是由 Fe-Mg 硅酸盐组成的火成岩[83]。这些岩石丰度高，CO_2 矿化速率快，是碳矿化的有力候选者。值得注意的是，碳矿化对碳封存的贡献通常在 CO_2 注入停止几十年后才变得显著。

2）非原位矿化封存

风化作用是 CO_2 的天然碳汇之一，由 $CaSiO_3$、橄榄石（$(Mg, Fe)_2SiO_4$）、水镁石（$Mg(OH)_2$）等硅酸盐岩石中碱性矿物的自然碳酸化作用组成。这一过程的产物是碳酸盐矿物，如方解石（$CaCO_3$）、菱镁矿（$MgCO_3$）和白云石（$CaMg(CO_3)_2$）。这个过程可以将 CO_2 固定在一个稳定的固体形式，不像在地质构造中封存超临界 CO_2 时需要注入后持续监测。虽然这个过程在环境条件下自然发生，但在人类的时间尺度上显得极其缓慢。为了突破这一限制，研究者借助封闭反应器来提升温度和压力，促进反应进行。另外，将岩石粉碎成微米量级的颗粒来增加其比表面积，也可以提高总体反应速率[83]。

以矿石为原料的矿化封存受产能限制，固碳水平为 0.1 亿 tCO_2/年左右，无法从本质上解决全球碳排放问题（50 亿 tCO_2/年）。非原位矿化封存除应用天然矿石外，还可利用碱性工业废弃物，包括钢渣、水泥窑粉尘、拆迁材料和燃烧飞灰等。

这些废弃物为碳封存提供了更多可能，同时缓解了固体废弃物治理难题。表 3.4 列出了典型的矿化封存原料及其固碳能力[91]。

表 3.4　典型的矿化封存原料及其固碳能力（以质量分数计，单位：%）

原料	MgO	CaO	R_{CO_2}
橄榄石	49.5	0.3	1.8
二辉橄榄石	28.1	7.3	2.7
蛇纹石	≈40	—	≈2.3
硅灰石	—	35	3.6
滑石	44	—	2.1
辉长岩	≈10	≈13	≈4.7
玄武岩	6.2	9.4	7.1
钢铁渣	≈10	40~65	≈1.9
城市垃圾焚烧灰渣	—	20~35	≈4.6
废弃混凝土和水泥	—	10~30	≈6.4

注：R_{CO_2} 指固定当量 CO_2 的原料消耗量。

钢渣的排放量大（每年超过 1 亿 t），且 CaO 和 MgO 含量较高，是理想的矿化封存原料。此外，钢铁企业碳排放占全国碳排放总量的 15%，降碳压力巨大。利用钢渣捕集、封存 CO_2，可实现废弃物的就地治理和以废治废，对于钢铁行业减排降碳具有重要意义。

3.4　本章小结

本章系统介绍了钢铁行业的碳排放现状与碳减排技术。钢铁行业是典型的能源密集型行业，也是我国碳减排重点行业。钢渣中含有较多的 CaO 和 MgO，是理想的 CO_2 捕集原料，较天然矿物具有易得、低价、粒度小等独特优势。利用钢渣中的 Ca、Mg 等组元捕集、封存 CO_2，并进一步转变为工业产品，可实现炼钢废渣和废气的协同治理与高效利用。

第4章　钢渣碳捕集技术

钢渣是一种多组元多矿相共伴生的非均质固体废弃物。钢渣中含有较多的 CaO 和 MgO，高碱度使其具有天然的碳捕集优势。近年来，随着气候变化问题日益突出，钢铁行业追求低碳转型发展，一系列钢渣碳捕集技术应运而生。目前常见的钢渣碳捕集技术有直接捕集工艺、间接捕集工艺、钙循环吸附工艺等。

4.1　直接捕集工艺

钢渣直接捕集工艺是指钢渣与 CO_2 在一个反应器内进行碳酸化反应。该工艺不需要在碳酸化前使用添加剂从钢渣中提取 Ca 和 Mg。因此，钢渣直接捕集工艺的操作工序简单。根据反应过程中是否使用水，该工艺可进一步划分为直接干法和直接湿法[92, 93]。

4.1.1　直接干法

直接干法可分为两个阶段，即 CO_2 扩散阶段和反应阶段。钢渣在化学组成上具有较大的碳酸化优势，但实际上钢渣直接干法反应速率较慢，碳酸化转化率不高。其原因一方面是钢渣结构致密且矿相嵌布包夹，CO_2 直接与其中部分活性物质的反应面积有限；另一方面是随着反应进行，固相惰性产物会覆盖在钢渣表面形成阻滞层，阻碍了碳酸化反应的持续进行，导致碳封存量难以提升，碳酸化钢渣径向成分差别大。通过一些预处理手段（如研磨）可提高钢渣的比表面积和活性，进而提升反应速率及碳酸化转化率。另外，通过控制适宜的反应温度、反应时间、动力学条件等，也可促进碳酸化反应的进行[94]。表 4.1 为不同钢渣的碳酸化条件与碳酸化转化率。结果表明，钢渣碳酸化能力与钢渣粒径、反应温度、反应时间、CO_2 体积分数、体系压力等因素有密切关系[95-99]。

表 4.1　不同钢渣的碳酸化条件与碳酸化转化率

钢渣类型	钢渣特征	碳酸化工艺	气体性质	条件参数	碳酸化转化率	文献
BOF 渣	$w_{CaO} = 31.7\%$; $w_{MgO} = 6.0\%$ $d < 38\mu m$	直接湿法	vol.CO_2 = 100%	$T = 100℃$；$p = 19bar$; $t = 30min$；$L/S = 10L/kg$	$\eta_{Ca^{2+}} = 74\%$; $R_{CO_2} = 5.6\%$	[95]

续表

钢渣类型	钢渣特征	碳酸化工艺	气体性质	条件参数	碳酸化转化率	文献
EAF 渣	$w_{CaO} = 32.8\%$; $w_{MgO} = 10\%$ $d=38\sim106\mu m$	直接湿法	vol.CO_2 = 15%	$T = 20℃$；$p = 1bar$； $t = 24h$；$L/S = 10L/kg$	$\eta_{Ca^{2+}} = 6.6\%$; $R_{CO_2} = 1.7\%$	[96]
EAF 渣	$w_{CaO} = 32.1\%$; $w_{MgO} = 9.4\%$ $d=150\sim250\mu m$	直接湿法	vol.CO_2 = 100%	$T = 25℃$；$p = 1bar$； $t = 70h$；$L/S = 8.3L/kg$	$\eta_{Ca^{2+}} = 12\%$; $R_{CO_2} = 3.0\%$	[97]
EAF 渣	$w_{CaO} = 49.3\%$; $w_{MgO} = 4.1\%$ $d<105\mu m$	直接湿法	vol.CO_2 = 100%	$T = 50℃$；$p = 1bar$； $t = 24h$；$L/S = 0.4L/kg$	$\eta_{Ca^{2+}} = 47.0\%$; $R_{CO_2} = 18.2\%$	[98]
AOD 渣	$w_{CaO} = 56.5\%$; $w_{MgO} = 2.8\%$ $d<105\mu m$	直接湿法	vol.CO_2 = 100%	$T = 100℃$；$p = 10bar$； $t = 4h$；$L/S = 0.4L/kg$	$\eta_{Ca^{2+}} = 69.2\%$; $R_{CO_2} = 30.7\%$	[98]
BOF 渣	$w_{CaO} = 57.8\%$; $w_{MgO} = 0.5\%$ $d=80\sim500\mu m$	直接干法	vol.CO_2 = 100%	$T = 650℃$；$p = 1bar$； $t = 10min$	$\eta_{Ca^{2+}} = 14.1\%$; $R_{CO_2} = 6.4\%$	[99]

注：AOD 指氩氧脱碳（argon oxygen decarburization）；T 为反应温度；t 为反应时间；p 为 CO_2 分压（1bar = 100000Pa）；L/S 为液（水）-固（钢渣）比；d 为钢渣粒径；$\eta_{Ca^{2+}}$ 为 Ca^{2+} 转化率；R_{CO_2} 为 CO_2 吸附量；w_{CaO} 为 CaO 质量分数，w_{MgO} 为 MgO 质量分数，vol.CO_2 为 CO_2 体积分数。

为进一步了解钢渣直接气-固反应的碳酸化反应动力学，Myers 等[100]定量评价了 CO_2 在钢渣 22 种晶态矿物和 13 种非晶态矿物中的扩散能力（温度为 30℃，相对湿度为 90%，CO_2 摩尔分数为 5%和 20%）。结果表明，CO_2 在不同晶态矿物间的扩散系数差异较大，最大相差 8 个数量级。其中，硅酸镁（$MgSiO_3$）和镁铝尖晶石（$MgAl_2O_4$）表现为完全钝化。此外，非晶态矿物的碳酸化速率较慢。因此，钢渣的矿相组成显著影响其直接碳酸化能力，通过控制熔体的凝固过程来调节钢渣的矿相结构，对提高碳酸化效率具有重要意义。

4.1.2　直接湿法

相比于直接干法，直接湿法的碳酸化速率相对较高。直接湿法的碳酸化在一个反应器中存在三种化学反应机制。首先，CO_2 溶解于水中生成 CO_3^{2-}；其次，钢渣中的 Ca 和 Mg 在 H^+ 的作用下被释放到溶液中，形成 Ca^{2+} 和 Mg^{2+}；最后，生成相应的碳酸盐。钢渣直接湿法的反应机制如图 4.1 所示[101]。钢渣中 Ca^{2+} 和 Mg^{2+} 的溶出是限制碳酸化速率的关键因素，另外，产物覆盖在钢渣表面也会阻碍碳酸化反应进一步进行[102]。通过增加比表面积、提高 Ca^{2+} 和 Mg^{2+} 溶出速率、去除产物层等措施，可以有效提高溶解速率和碳酸化速率。

钢渣的碳酸化反应条件（如温度、钢渣粒径、固-液比、CO_2 流量）对 CO_2 捕集效率具有重要影响[103]。温度升高，有利于碳酸化反应的发生，但是不利于

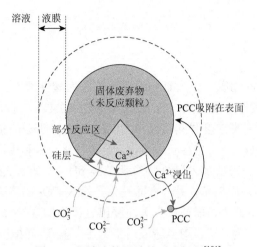

图 4.1　钢渣直接湿法的反应机制[101]

PCC 指沉淀碳酸钙（precipitated calcium carbonate）

CO_2 的溶解。适当的水可以促进 Ca^{2+} 和 Mg^{2+} 从钢渣中溶出，而过量的水会阻止 CO_2 在浆料中的扩散。此外，除优化过程参数外，改变反应器的设计也会促进碳酸化进程。与高压反应釜和浆液反应器相比，旋转填充床和旋转窑具有更好的动力学条件，可以增大气相和固相之间接触的可能性。

4.2　间接捕集工艺

Ca^{2+} 和 Mg^{2+} 的溶出是钢渣碳酸化进程的限制性因素之一。因此，研究者试图选择不同的浸出体系将 Ca^{2+} 和 Mg^{2+} 优先从钢渣中溶出，然后进行碳酸化反应，这种分段式路径即间接捕集工艺。间接捕集工艺由于碳酸化条件温和（避免了直接捕集工艺的高温高压操作）、碳酸化效率较高、碳酸化产物纯等优点而备受关注。间接捕集工艺涉及以下三个行为：①利用酸性溶液或者其他媒介，从钢渣中选择性提取 Ca^{2+} 和 Mg^{2+}；②CO_2 的溶解；③碳酸盐化反应。钢渣间接捕集工艺流程如图 4.2 所示。按照钢渣中 Ca 的浸出液种类，可分为酸溶液浸出工艺和铵盐溶液浸出工艺。

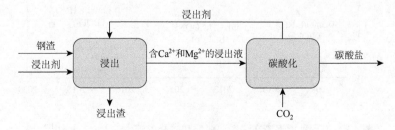

图 4.2　钢渣间接捕集工艺流程

4.2.1　酸溶液浸出

由于钢渣为碱性物质，较为有利的浸出剂应为酸性溶液。研究表明，在常温下，采用 HCl 溶液作为浸出剂，Ca 浸出率高达 93.4%，升高温度不利于钢渣中 Ca^{2+} 的浸出[104]。使用高浓度强酸溶液作为浸出剂时，钢渣中的其他元素（Fe、Al、Si 等）和毒性元素（Cr 等）也会随之溶出，给碳酸化反应和废液处理造成负担[105]。对于钢渣的浸出液，需要加入碱性物质调节其 pH，一方面是为了沉淀溶液中的 Fe^{2+}、Fe^{3+} 和 Al^{3+} 等杂质离子，另一方面是为了增大 CO_2 在溶液中的溶解度，促进碳酸盐的稳定生成。此外，需要重点关注浸出过程中的含 Cr 矿相转变，无论是进入浸出液，还是转变为 Cr^{6+}，均会造成污染隐患[106]。研究指出，固定 1t CO_2 需要消耗大约 0.5t NaOH 试剂，而 1t NaOH 试剂的生产需要消耗 2230kW·h 的电力[107]。因此，高酸度溶液的使用会造成处理成本高、元素分离难、废液处理难、设备腐蚀严重等问题。

用低浓度弱酸（如 CH_3COOH）代替高酸度溶液作为浸出剂，可解决以上问题，但是 Ca 和 Mg 浸出率会受影响。因此，选择合适的钢渣浸出剂，对实现钢渣中 Ca^{2+} 和 Mg^{2+} 的选择性浸出及 CO_2 的高效捕集至关重要。图 4.3 显示了不同种类钢渣在强酸[108, 109]、弱酸[110, 111]和铵盐[112, 113]等不同溶液环境中的 Ca 浸出率。Eloneva

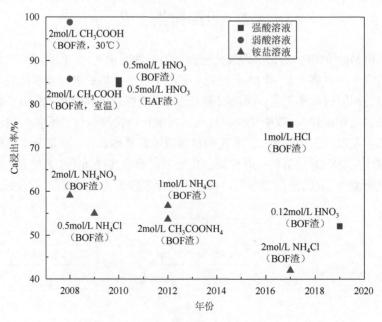

图 4.3　不同种类钢渣在强酸、弱酸和铵盐溶液中的 Ca 浸出率[108-113]

等[110]报道，高浓度 CH_3COOH 溶液（2～8mol/L）可以从钢渣中提取大部分的 Ca（质量分数为 86%～90%）、大量的 Fe 和 Si，以及少量的 Mn、V 和 Al。此外，低浓度 CH_3COOH 溶液（0.1～0.5mol/L）可选择性地溶解钢渣中的 Ca（质量分数为 9%～52%）和少量的 Fe。通过适度调控溶液 pH，溶液中 Ca^{2+} 可以转化为纯度大于 99.5%的 $CaCO_3$ 微纳米粉。

4.2.2 铵盐溶液浸出

Kodama 等[114]于 2008 年提出了一种以 NH_4Cl 溶液作为浸出剂的间接捕集工艺，该工艺主要分为 Ca 的选择性浸出和碳酸化两个步骤，并能实现浸出剂 NH_4Cl 溶液的循环利用。芬兰埃博学术大学 Zevenhoven 研究团队开发了钢渣间接捕集 CO_2 并制备 PCC 的工艺路线，即 Slag2PCC（slag to PCC）工艺路线，如图 4.4 所示[115]。该工艺发生的主要化学反应如式（4.1）～式（4.3）所示。目前将 NH_4Cl、NH_4NO_3 和 CH_3COONH_4 溶液用于钢渣中 Ca 的选择性提取已成为研究热点。研究表明，采用铵盐溶液处理钢渣具有两个显著优势，即 Ca 选择性高和溶剂可循环[116]。

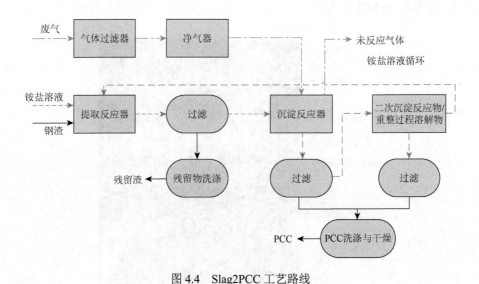

图 4.4 Slag2PCC 工艺路线

┈┈▶气体路径，┈ ┈溶液路径，━━━▶固体路径

$$CaO(s) + 2NH_4X(aq) + H_2O(l) \Longrightarrow CaX_2(aq) + 2NH_4OH(aq) \qquad (4.1)$$

$$2NH_4OH(aq) + CO_2(g) \Longrightarrow (NH_4)_2CO_3(aq) + H_2O(l) \qquad (4.2)$$

$$(NH_4)_2CO_3(aq) + CaX_2(aq) \Longrightarrow CaCO_3(s) + 2NH_4X(aq) \qquad (4.3)$$

$$X = Cl^-, \quad NO_3^-, \quad CH_3COO^-$$

　　Said 等[116]系统研究了不同参数对钢渣 Ca 浸出率的影响,包括铵盐溶液种类、浓度、固-液比、钢渣粒径和浸出时间等。研究表明,三种铵盐溶液具有相似的钢渣 Ca 提取特性;钢渣粒径对提取率有显著影响,小粒径钢渣比表面积大,有利于 Ca 和 Mg 的溶出。通过 Slag2PCC 工艺得到的 $CaCO_3$ 纯度较高,可用于造纸、橡胶、沥青等行业。此外,从碳足迹角度考虑,Slag2PCC 工艺不仅可以捕集工业产生的 CO_2,而且可以避免大量石灰石等天然矿产资源的使用,可通过行业耦合实现零碳或负碳排放。

　　基于芬兰埃博学术大学的研究结果,Slag2PCC 工艺中试线在 2014 年于芬兰埃斯波建立[117],如图 4.5 所示。该装置由三个 200L 的反应器组成(一个浸出反应器和两个碳酸化反应器),可以采用间歇式和连续运行模式。如果利用钢渣规模化生产通用型 $CaCO_3$,可选连续运行模式。如果生产具有特定晶体和品质的 $CaCO_3$,可选间歇运行模式[118]。在间歇运行模式中试条件下,实现了 20kg 钢渣和 190L NH_4Cl 溶液批次制备 10kg $CaCO_3$。NH_4Cl 溶液可回收再生,并在 Ca 提取阶段循环使用。Slag2PCC 工艺中试实验可使钢渣中约 80%的 Ca 浸出,70%以上的 CO_2 转化为 $CaCO_3$。但是在高温碳酸化过程中,从排出的烟气中检测到 NH_3,造成一定量的 NH_4Cl 损失。

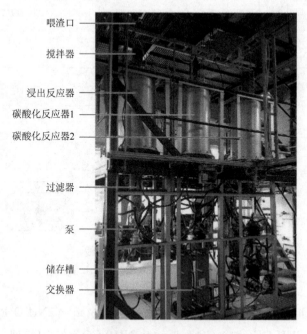

喂渣口

搅拌器

浸出反应器

碳酸化反应器1

碳酸化反应器2

过滤器

泵

储存槽

交换器

图 4.5　Slag2PCC 工艺中试线设施

　　为了进一步推进 Slag2PCC 工艺规模化应用,仍需要解决以下问题[119]:①钢渣矿相结构复杂，Ca 浸出率低，捕集 CO_2 的能力有限；②钢渣为多组元共伴生物质，选择性提取困难，浸出尾渣成分复杂且体量大，造成二次环境污染与资源浪费；③利用含 Ca^{2+} 溶液捕集 CO_2 为复杂的气-液-固三相反应，微观机理不清晰，产物晶型难控制，工业价值不高。

4.3　钙循环吸附工艺

钙循环（calcium looping，CaL）吸附工艺是利用钙基（主要是 CaO 或 $Ca(OH)_2$）吸附剂重复碳酸化和分解，实现 CO_2 循环捕集和富集的过程。这种方法是适合大规模工业应用的燃烧后碳捕集技术[120, 121]。图 4.6 为典型的 CaO 循环工艺示意图。该工艺由两个基本反应器组成，碳酸化反应器中完成的是 CaO 与 CO_2 结合生成 $CaCO_3$ 的过程；煅烧反应器中完成的是 $CaCO_3$ 煅烧分解得到高纯 CO_2 的过程，如此循环往复[122]。与其他 CO_2 吸附剂相比，CaO 具有更好的热力学性质和再生能力，其成本相对低、可用性高、环境友好、毒性低，废吸附剂还可重复使用[123]。

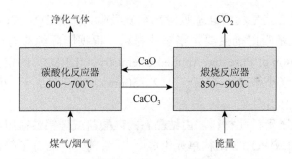

图 4.6　典型的 CaO 循环工艺示意图

钢渣中富含 Ca 元素，利用钢渣制备的钙基 CO_2 吸附剂循环捕集 CO_2，既能解决钢渣处理利用的难题，还可实现冶金生产过程中的碳减排。此外，相较于天然矿石，钢渣还具有廉价易得等优势，避免了原料开采和粉碎过程中的能量消耗。因此，以钢渣为原料制备钙基 CO_2 吸附剂引起了专家学者的广泛关注。

大量研究表明，钢渣直接干法捕集 CO_2 效率不高、产品价值低，钢渣间接捕集 CO_2 又存在废液处理难、成本高等问题。因此，选择性提取钢渣中的 Ca 元素，制成具有循环吸附性能的材料，用于工业末端 CO_2 捕集，将大幅提升钢渣的碳捕集效能，拓宽钢渣资源化利用领域，减少天然矿产的开采与使用[124]。

Miranda-Pizarro 等[125]用 CH_3COOH 浸出钢渣制备了钙基 CO_2 吸附剂，评价了改性获得的钙基 CO_2 吸附剂循环捕集 CO_2 的能力。结果表明，吸附剂中除含有乙酸钙外，还含有金属盐，这些共存相对碳酸化反应具有惰性，在多个碳酸化/

煅烧循环中能起到稳定 CaO 捕集能力的作用。此外，在高 CO_2 分压下，用钢渣代替石灰石作为 CaO 制备原料，可显著缩短 CaO 再生的煅烧停留时间，与石灰石制备的吸附剂体系所需的 930~950℃相比，采用 CH_3COOH 处理钢渣制备的钙基 CO_2 吸附剂体系的能耗较低，CO_2 捕集能力稳定在 0.21~0.15g/g，也明显高于石灰石制备的吸附剂体系。

Valverde 等[126]基于 CaO 的循环碳酸化/煅烧，提出了一种适用于聚光太阳能发电厂的热化学储能钙基循环工艺，以钢渣和高炉渣为原料，采用 CH_3COOH 浸出，制备了钙基 CO_2 吸附剂。所得结论与 Miranda-Pizarro 等一致，相较于石灰石源吸附剂，钢渣源吸附剂再生煅烧温度更低。不仅如此，去除吸附剂中的 SiO_2 后，可进一步提升 CO_2 吸附活性，吸附剂的最大转化率可达 50%。但是，钙基 CO_2 吸附剂中的 Al 元素难以去除，煅烧过程中形成的铝酸钙对吸附剂的循环稳定性具有不利影响。

4.4　硅循环吸附工艺

硅循环吸附工艺是利用硅基吸附剂重复吸附、脱附 CO_2，以实现循环捕集和富集的过程。硅基吸附剂主要是指多孔材料，根据国际纯粹与应用化学联合会（International Union of Pure and Applied Chemistry，IUPAC）的定义，多孔材料按孔径可分为微孔（小于 2nm）、介孔（2~50nm）、大孔（大于 50nm），常用的有沸石分子筛和介孔 SiO_2。

沸石分子筛属于微孔材料，由结晶态的硅酸盐或硅铝酸盐组成，其结构骨架由[SiO_4]、[AlO_4]或[PO_4]等结构单元组成[127]。目前，沸石分子筛已达数百种，包括 X 型、Y 型、A 型和丝光沸石等。20 世纪 50 年代，沸石分子筛主要用于气体的干燥和分离，后续延伸至石油加工的催化，目前已广泛应用于石油炼制和化学工业的吸附[128]与催化[129]。

介孔 SiO_2 比传统的沸石分子筛具有更大的孔径，比大孔材料具有更大的比表面积，可为吸附和催化反应提供更多的活性位点，因此在吸附和催化领域的应用更加广泛。钢渣等工业固体废弃物常含有大量硅资源，且量大易得，因此用于制备微孔和介孔 SiO_2 的研究日益增多。

4.4.1　制备原料

20 世纪 90 年代，制备硅基吸附剂的原料以化学试剂为主，Si 源主要由四乙氧基硅烷、烷基硅烷和水玻璃等提供。由于纯化学试剂成本高，且有环境污染，后续研究人员又开发出了以廉价的二次资源合成硅基吸附剂的工艺路线。

二次资源合成硅基吸附剂首先需要进行预处理和 Si 提取。根据二次资源的性质特点，需要采取不同的预处理方式和 Si 提取方式。稻壳、花生壳、小麦秸秆、麦草灰等农业固体废弃物中 SiO_2 含量较高，所制备得到的硅基吸附剂具有纯度高和生物相容性好等优点，因此广泛应用于硅基吸附剂的制备。由于农业固体废弃物中常含有大量有机碳，需要进行煅烧处理，将这部分 C 源去除。当杂质含量较高时，还需进一步进行酸浸等处理，以去除杂质元素，从而制备 SiO_2 含量较高的预处理料。

稻壳中 SiO_2 质量分数大于 90%，Chun 等[130]利用稻壳成功制备了硅基吸附剂。首先，稻壳经热解和酸浸后，得到质量分数为 99% 的高纯 SiO_2；其次，使用碱浸将 SiO_2 溶解，得到硅酸钠溶液；最后，采用水热法制得有序硅基吸附剂。麦草灰中 SiO_2 质量分数大于 90%，Ma 等[131]以麦草灰为 Si 源制备了 MCM-41 介孔材料。Liu 等[132]以花生壳灰为 Si 源，先采用高温煅烧去除 C，再使用碱浸提取 Si，制备了硅基吸附剂。

工业固体废弃物种类较为复杂，Si 源赋存的形式也多种多样，大多数 Si 源存在于活性较低的矿相中，直接提取 Si 较为困难。Panek 等[133]利用 NaOH 熔融技术提取了粉煤灰中的 Si 资源，合成了硅基吸附剂。硅基吸附剂在使用聚乙酰亚胺进行改性后用于 CO_2 的捕集，相比于普通材料，具有更高的 CO_2 吸附量。利用铜尾矿[134]、铁尾矿[135]、煤渣[136]、金尾矿[137]、煤矸石[138]、尾矿[139]、钢渣[140]、高炉渣[141]、粉煤灰[142]和煤气化细渣[143]等工业固体废弃物制备有序硅基吸附剂的可行性已陆续得到证实。

Du 等[144]通过高温活化方式对煤矸石进行煅烧，使得 Si—O 键和 Al—O 键断裂，从而释放出活性 SiO_2，然后通过碱浸提取 Si，制备的硅基吸附剂的比表面积达到 $156 m^2/g$。Tang 等[136]分别研究了煤渣粒度、碱浸温度、碱浸时间和 NaOH 浓度对 Si 浸出率的影响，最优条件下 Si 浸出率达到 80%。Lu 等[139]通过酸浸去除了铁尾矿中的 Fe、Ca 和 Mg 等杂质元素，Si 的质量分数由原料中的 77% 增加到酸浸之后的 95%，随后通过碱浸，Si 浸出率达到 95%。图 4.7 为以铁尾矿为原料制备硅基吸附剂的工艺流程[139]。

Fu 等[134]以铜尾矿为原料，采取碱熔工艺制备了硅基吸附剂。在原料的处理中发现，需要根据原料矿相组成采取不同的碱熔温度，普通黏土矿物碱熔仅需要 600℃，而对于大量 Si 源赋存于石英中的原料，碱熔温度需达到 1100℃才可得到活性较高的 SiO_2。为了解决碱熔温度过高的问题，研究团队提出将 $NaNO_3$、NaOH 和铜尾矿混合后煅烧，600℃即可将石英分解为易溶的硅酸钠矿相，并且将 Fe 富集在稳定的赤铁矿相中，最终 Si 提取率达到 82%，而 Fe 提取率降低至 2% 以下。此方法不仅减少了能耗，而且提高了有序硅基吸附剂的纯度。表 4.2 列出了不同固体废弃物制备硅基吸附剂的合成方法、合成条件及所得到的硅基吸附剂的结构特征。

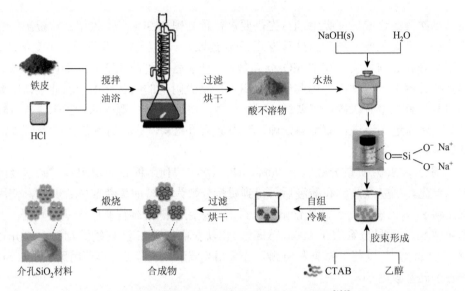

图 4.7　铁尾矿制备硅基吸附剂的工艺流程[139]

CTAB 指十六烷基三甲基溴化铵（cetyltrimethylammonium bromide）

表 4.2　不同固体废弃物制备硅基吸附剂

原料	合成方法	合成温度/℃、时间/h	比表面积/(m²/g)	孔体积/(cm³/g)	孔径/nm	参考文献
铁尾矿	非水热	25、3	1915	1.32	1.93	[139]
煤渣	水热	120、12	186	0.67	3.81	[136]
粉煤灰	水热	100、72	1230	1.13	3.88	[133]
铜尾矿	水热	100、48	946	0.76	3.24	[134]
煤矸石	水热	120、20	156	0.29	7.35	[144]
金尾矿	水热	30、48	983	0.74	2.93	[137]

　　此外，垃圾焚烧底灰也可用于合成硅基吸附剂。Alam 等[145]采用低温碱浸方式提取了 Si 资源，系统地研究了底灰的溶解过程，发现聚合物凝胶和沸石等副产品在底灰颗粒周围的钝化作用阻碍了底灰中可溶性 SiO_2 的溶解。研究发现，75℃下碱浸 48h，Si 提取率为 70%，制备了纯度为 99%的硅基吸附剂，比表面积为 870m²/g。

　　尽管硅基吸附剂在众多领域已经得到广泛的应用，但仍存在热稳定性差、表面活性位点少、离子交换容量低等问题。研究发现，Al 掺杂硅基吸附剂可显著改善以上问题[146]。此类材料主要以硅铝酸盐为基体，通过把 Al 引入硅基吸附剂结构中，可提升硅基吸附剂的稳定性，增加表面的活性位点，增大材料的离子交换容量。此外，硅基吸附剂的催化活性也可得到较大的提升。把 Al 引入 Si 基框架的方式主要有两种：第一种为制备硅基吸附剂时直接将 Al 与 Si 共同合成介孔形态；第二种为通过表面修饰的方式将 Al 接枝到已经合成的介孔 SiO_2 材料的结构骨架中。

Yang 等[147]以膨润土为原料合成了含有 Al 的有序硅基吸附剂 Al-MCM-41。研究发现，硅-铝比对形成高度有序的 SiO_2 材料至关重要。Chen 等[148]以累托石矿物为原料，通过酸浸、碱浸和强酸性阳离子交换树脂处理提取了 Si 源和 Al 源，得到了含有 Al 的无定形硅基吸附剂 Al-MCM-41，其比表面积为 1032m^2/g，孔体积为 0.97cm^3/g，平均孔径为 2.6nm。Wang 等[149]利用偏高岭土作为 Si 源，以 CTAB 作为模板剂，通过水热法原位合成了硅-铝比为 5 的介孔硅基吸附剂，实现了低硅-铝比硅基吸附剂的制备。表 4.3 列出了不同种类天然硅酸盐矿物制备硅基吸附剂的合成条件，以及所得到的硅基吸附剂的结构特征。

表 4.3　不同种类天然硅酸盐矿物制备硅基吸附剂

原料	合成温度/℃、时间/h	比表面积/(m²/g)	孔体积/(cm³/g)	孔径/nm	参考文献
膨润土	110、24	1019	1.01	2.70	[147]
累托石	110、24	1032	0.97	2.60	[148]
偏高岭土	130、24	753	0.63	3.33	[149]
埃洛石	110、24	1033	0.92	2.74	[150]
硅藻土	110、24	1089	0.98	3.59	[151]
凹凸棒石	100、24	1030	0.96	3.71	[152]
坡缕石	110、24	874	0.97	3.94	[153]
滑石	100、24	1102	0.94	2.80	[154]

沈志虹等[155]以 Na_2O、SiO_2、Al_2O_3 为原料，添加模板剂在恒温水浴中搅拌数小时合成了具有微孔和介孔的复合分子筛材料，以发挥两种材料的各自优势。例如，在催化方面，重油大分子首先在介孔中实现一次裂化，然后裂解成小分子进入微孔中进行二次反应，可提高催化裂化效率。

4.4.2　合成方法

硅基吸附剂的合成方法主要有水热法（溶剂热法）、室温法、微波法和超声波法等。水热法是指在高温高压反应釜中以水作为介质，在一定的温度和压强条件下通过重结晶作用合成材料，其具体步骤如下：①将有机源或无机源溶解到溶剂中，加入模板剂，得到有机-无机复合物；②通过加入酸或碱调节溶液 pH 进行陈化和晶化，从而形成稳定的相结构；③通过煅烧或溶剂萃取的方法去除模板剂，得到有序硅基吸附剂。水热法可实现对吸附剂孔径、结构和形貌的调控，得到具有良好热稳定性的吸附剂。

Chun 等[130]以稻壳为原料，采用水热法制备了硅基吸附剂。稻壳经过预处理后得到硅酸钠溶液，向硅酸钠溶液中添加模板剂，通过水热法制得硅基吸附剂，其比表面积和孔体积分别为 297～895m^2/g、0.81～1.77cm^3/g。Ma 等[131]以麦草灰为原料，分别利用水热法和室温法合成了硅基吸附剂，对比发现，室温法得到的硅基吸附剂孔结构为无序型，水热法得到的硅基吸附剂具有高度有序的孔结构。这是因为温度升高会加大硅酸盐骨架的聚合速率，增大有序 SiO_2 材料的比表面积、孔径和孔体积。水热法得到的硅基吸附剂的比表面积相比室温法增大了近 1 倍。Du 等[144]以煤矸石为原料，同样采用水热法制备了硅基吸附剂，结果显示，硅基吸附剂比表面积为 156m^2/g，材料被用于吸附体积分数为 8%的 CO_2，吸附量为 9.61mg/g。由此可见，水热法可用于制备有序孔结构、大比表面积硅基吸附剂，但具体的作用机理仍需深入探究。

相较于水热法，室温法不需要高温高压反应釜，在室温条件下即可进行，具有操作简便、安全性高和能耗低等优点。Acaroglu 等[137]以金尾矿为原料，仅在 30℃下反应 1h 即得到有序硅基吸附剂，所合成硅基吸附剂比表面积达 983m^2/g。Lu 等[139]以铁尾矿为原料，利用室温法合成硅基吸附剂，Si 源与模板剂混合后在室温下反应 3h，制备的硅基吸附剂比表面积达 1915m^2/g。Yang 等[156]以铁尾矿和 CTAB 分别为 Si 源和模板剂，利用室温法合成了比表面积为 634m^2/g、孔体积为 0.61cm^3/g、平均孔径为 3.8nm 且具有良好有序介观结构的硅基吸附剂。Jammaer 等[157]以硅酸钠溶液为 Si 源，以聚环氧乙烷-聚环氧丙烷-聚环氧乙烷三嵌段共聚物为模板剂，加入柠檬酸和柠檬酸三钠，在 20℃下持续反应 24h，合成了孔径约 6nm 的有序硅基吸附剂。

微波法与水热法的最大区别在于加热方式，采用微波法可大幅度缩短合成时间。微波法合成硅基吸附剂具有操作简便、节能省时、合成产物具有有序六方介孔排列结构，以及材料吸附量大、热稳定性好等优势。超声波法同微波法合成过程类似，不同的是将微波外场替换成超声波外场。这两种方法均可在较短时间内合成硅基吸附剂。

Oliveira 等[158]对比了水热法和微波法，结果发现，微波法会产生具有更多硅烷醇基团的硅基吸附剂，而且可以通过调节温度控制硅基吸附剂的表面特性。不仅如此，微波法可以将合成时间从水热法所需的 24h 缩短至 0.5h。Seo 等[159]使用硅酸钠作为 Si 源，在没有添加扩孔剂的条件下，通过微波法合成了具有分级孔结构的硅基吸附剂。Dündar-Tekkaya 和 Yürüm[160]通过微波法合成了具有大比表面积和均一孔径的硅基吸附剂 MCM-41，通过在样品中负载钯，提高了材料的储氢能力。负载后材料比表面积为 $1073 \sim 1515 m^2/g$，孔径为 3.54～3.78nm，储氢能力大幅提升。Chareonpanich 等[161]以稻壳灰为原料，利用超声波法处理 3h 合成了有序硅基吸附剂，材料具有高度有序的孔结构和较大的比表面积。Liu 等[162]以正硅酸乙酯（tetraethoxysilane，TEOS）作为 Si 源，通过超声波法合成了核壳型 $SiO_2@Fe_3O_4$ 微球，结果表明，超声波促进了 Si 源的水解缩合和模板剂的共组装过程，加速了 SiO_2 壳的包覆过程，有利于 SiO_2 壳的均匀分布和微球的均匀分散。

　　钢渣含有元素种类较多，Si 元素赋存形式复杂。因此，选择性提取 Si 进而制备高纯硅基吸附剂存在困难。由以上不同原料、不同方法制备硅基吸附剂的研究可以发现，含有无定形 SiO_2 较多的固体废弃物可以直接采取碱浸的方式溶解，从而提取 Si 源。Si 源提取之后，通过加入模板剂调控分子组装过程，合成有序硅基吸附剂。在此工艺中，影响材料结构特征及性能的因素较多，包括合成温度、合成时间、模板剂浓度和 pH 等。这些合成条件均会对硅基吸附剂的有序性、比表面积、孔体积、孔径及性能产生较大的影响，因此，研究合成条件对硅基吸附剂的影响规律具有重要的意义。

4.5　本 章 小 结

　　钢渣矿相结构复杂、元素共伴生严重、理化性质波动大，给其碳捕集应用造成了极大困难。钢渣可通过直接捕集和间接捕集工艺捕集 CO_2，但仍面临着碳捕集效率低、二次环境污染与资源浪费等问题。针对钢渣资源化利用及其碳捕集应用中存在的关键难题开展基础研究工作，可以为新方法、新工艺设计开发与应用推广提供理论支持和经验借鉴。

第5章　钢渣碳捕集能力

本章选取某钢厂具有相似 CaO 含量的 BOF 渣、EAF 渣和 LF 渣，对比分析不同类型钢渣的成分组成、矿相属性与元素分布特性。开展酸性溶液浸出实验，探讨钢渣在酸性溶液中的 Ca 溶出行为，旨在建立 Ca 赋存矿相与溶液体系对钢渣 Ca 提取能力的协同作用关系。基于以上分析，从有效 CO_2 封存量和 Ca 选择性浸出率等方面综合评估三种钢渣的碳捕集潜力。

5.1　实 验 方 案

5.1.1　钢渣原料及其表征方法

本节采用定量 X 射线荧光光谱术（X-ray fluore-scence spectrometry，XRF）分析三种渣的化学成分，结果如表 5.1 所示。BOF 渣、EAF 渣和 LF 渣的 CaO 质量分数分别为 46.20%、40.80% 和 48.29%。BOF 渣是 BOF 吹炼铁水过程中产生的废渣，具有较高的 CaO 和铁氧化物含量，并含有 SiO_2 和 MgO 等。EAF 渣为 EAF 炼钢产生的废渣，主要化学成分为 CaO（质量分数为 40.80%）和 SiO_2（质量分数为 34.89%）。LF 渣为精炼渣，具有较高含量的 CaO（质量分数为 48.29%）和 Al_2O_3（质量分数为 36.95%）。

表 5.1　不同种类钢渣的化学成分（以质量分数计，单位：%）

钢渣类型	CaO	MgO	SiO_2	Al_2O_3	FeO	MnO	Cr_2O_3	P_2O_5	其他
BOF 渣	46.20	9.88	12.35	1.48	22.60	2.80	0.18	1.59	2.92
EAF 渣	40.80	6.40	34.89	4.62	1.70	2.09	6.15	0.02	3.33
LF 渣	48.29	7.28	3.10	36.95	1.90	0.27	0.02	0.03	2.16

采用 XRD 仪和 Search-Match 软件对三种钢渣的矿相组成进行测定，利用参考强度比（reference intensity ratio，RIR）法对其矿相含量进行半定量分析[163]。借助扫描电子显微镜（scanning electron microscope，SEM）和能量色散 X 射线分析（energy-dispersion X-ray analysis，EDX）仪对钢渣中的矿相嵌布规律和元素分布特点进行分析。

5.1.2　钢渣浸出实验

图 5.1 为钢渣浸出实验的装置示意图。将 2g 钢渣粉末分别倒入配置好的 NH_4Cl（浓度为 1mol/L，体积为 250mL）和 CH_3COOH（浓度为 1mol/L，体积为 250mL）溶液中，室温浸出 2h。浸出过程中采用机械搅拌，并控制搅拌速率为 300r/min。为了表征不同种类钢渣在酸性溶液中的浸出行为，浸出过程中使用 pH 计和温度传感器实时检测溶液的 pH 和温度变化。反应结束后，将所得浆液采用真空抽滤机过滤，分别得到滤液和浸出渣。

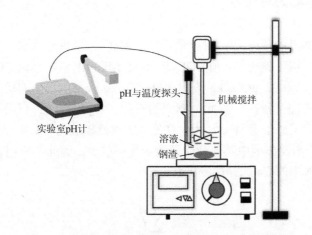

pH与温度探头　　机械搅拌

实验室pH计

溶液
钢渣

图 5.1　钢渣浸出实验的装置示意图

将所得滤液移入 500mL 容量瓶定容。采用化学滴定分析和电感耦合等离子体发射光谱（inductively coupled plasma-optical emission spectroscopy，ICP-OES）测定滤液中主要元素的浓度。其中，BOF 渣所得滤液主要元素为 Ca、Mg、Si 和 Fe，EAF 渣所得滤液主要元素为 Ca、Mg、Si 和 Cr，LF 渣所得滤液主要元素为 Ca、Mg、Si 和 Al。另外，为了更好地了解不同种类钢渣的元素释放差异，应用式（5.1）对渣中各元素分别在 NH_4Cl 溶液和 CH_3COOH 溶液中的浸出率进行计算。

$$R_i = \frac{C_i \times M_i \times V}{m \times w_i} \times 100\% \tag{5.1}$$

式中，i 为 Ca、Mg、Fe、Al 和 Cr；R_i 为 i 元素在溶液中的浸出率；M_i 为 i 元素的摩尔质量（g/mol）；V 为浸出液的体积（L）；m 为钢渣样品质量（g）；w_i 为 i 元素在钢渣样品中的质量分数。

未溶解的浸出渣用超纯水清洗后，在 110℃干燥箱中烘干，并对浸出前后的试样质量进行称重，计算质量损失率。此外，为了明确钢渣各矿相的浸出机制和溶解行为，对不同钢渣在酸性浸出液中所得的浸出渣进行 XRD 分析。

将表面打磨抛光后的块状钢渣分别在 NH_4Cl（浓度为 1mol/L，体积为 250mL）和 CH_3COOH（浓度为 1mol/L，体积为 250mL）溶液中进行浸出实验。浸出实验在室温下进行 48h，取出钢渣，并用去离子水小心清洗掉表面残留的液体，避免表面形貌被破坏。将所得样品在 60℃下干燥 48h，进行 SEM-能量色散 X 射线谱（X-ray energy dispersive spectrum，EDS）分析。采用三维激光显微镜（three-dimensional laser microscopy，3DLM）测量试样表面粗糙度。

5.1.3　碳捕集能力评价

不同种类钢渣的理论 CO_2 封存量可根据 CaO 含量进行估算。假设钢渣中的 CaO 全部浸出并用于碳捕集，则 BOF 渣、EAF 渣和 LF 渣的理论 CO_2 封存量分别为 363gCO$_2$/kg 渣、321gCO$_2$/kg 渣和 379gCO$_2$/kg 渣。但浸出实验结果表明，各钢渣均表现为不完全浸出。因此，钢渣的有效 CO_2 封存能力可根据钢渣在酸性溶液中的可溶解 Ca^{2+} 含量评估。为了在富 Ca 溶液碳酸化环节中得到纯度较高的 $CaCO_3$，要求钢渣浸出液中其他杂质元素应尽可能少。因此，应用式（5.2）表征钢渣在酸性溶液中的 Ca 选择性浸出率。

$$S_{Ca} = \frac{C_{Ca^{2+}}}{\sum C_{ions}} \qquad (5.2)$$

式中，S_{Ca} 为钢渣中 Ca 选择性浸出率；$C_{Ca^{2+}}$ 为浸出液中 Ca^{2+} 的浓度（g/L）；$\sum C_{ions}$ 为浸出液中各元素（Ca、Mg、Si、Fe、Al 和 Cr）离子浓度之和（g/L）。

5.2　钢渣矿相表征

5.2.1　矿相组成

图 5.2 为 BOF 渣、EAF 渣和 LF 渣的 XRD 图谱和矿相质量分数。图 5.2（a）为 BOF 渣的 XRD 图谱及渣中各矿相质量分数，BOF 渣中的 Ca 主要赋存于 C_3S、C_2F 和 CaO·FeO 相中。半定量相分析结果表明，三种矿相的质量分数之和为 93%。Mg 主要以 MgO 形式存在，质量分数为 7%。该 BOF 渣中的结晶相与 Gautier 等[164]报道的水淬处理的 BOF 渣矿相组成相似。

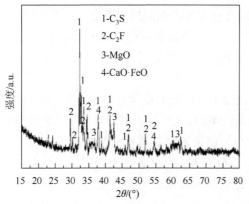
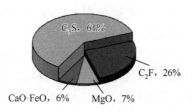

(a) BOF渣

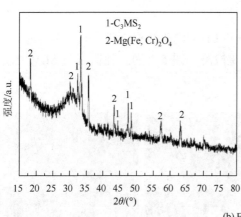
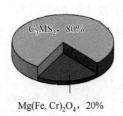

(b) EAF渣

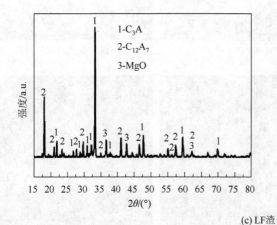
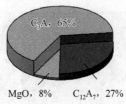

(c) LF渣

图 5.2　BOF 渣、EAF 渣和 LF 渣的 XRD 图谱和矿相质量分数

图 5.2（b）为 EAF 渣的 XRD 图谱及渣中各矿相的质量分数。结果表明，EAF 渣中的结晶矿相主要为蔷薇辉石相（C_3MS_2）和尖晶石相（$Mg(Fe, Cr)_2O_4$）。EAF 渣中的 Ca 主要赋存于蔷薇辉石相（C_3MS_2）中，半定量相分析结果表明其质量分数为 80%。

图 5.2（c）为 LF 渣的 XRD 图谱及渣中各矿相的质量分数。由于 LF 渣的 CaO 和 Al_2O_3 含量较高（质量分数之和为 85.24%），LF 渣中 Ca 主要以铝酸盐形式存在，包括 C_3A 和 $C_{12}A_7$ 相，半定量相分析结果表明其质量分数之和为 92%。

综上，尽管三种钢渣具有相似的 CaO 含量，但 Ca 在不同钢渣中赋存形式存在较大差别，这也意味着它们的浸出行为和碳捕集能力存在差异。

5.2.2　矿相与元素分布

为了进一步表征 BOF 渣、EAF 渣和 LF 渣的矿相嵌布规律与元素分布情况，对三种块状钢渣的剖面进行 SEM-EDS 检测。图 5.3 为三种钢渣的 SEM 图像。表 5.2 为钢渣中各矿相的元素含量。

(a) BOF 渣（×1000）　　　(b) BOF 渣（×3000）　　　(c) EAF 渣（×1000）

(d) EAF 渣（×3000）　　　(e) LF 渣（×1000）　　　(f) LF 渣（×3000）

图 5.3　BOF 渣、EAF 渣和 LF 渣的 SEM 图像

表 5.2　BOF 渣、EAF 渣和 LF 渣中各矿相的元素含量（以原子分数计，单位：%）

钢渣类型	矿相	Ca	Mg	Si	Al	Fe	Mn	Cr	O
BOF 渣	C_3S	27.47	—	8.86	—	—	—	—	63.67
	C_2F	21.86	—	—	2.30	18.60	—	—	57.24
	CF	8.10	2.66	—	—	27.80	2.34	—	59.10
	MgO	1.51	41.16	—	—	4.20	—	—	53.13
	CaO	37.45	2.37	—	—	4.74	2.84	—	52.60
EAF 渣	C_3MS_2	15.32	4.56	8.12	1.02	—	—	1.99	68.99
	$MgCr_2O_4$	1.65	10.85	—	—	—	—	19.88	67.62
	$(Mg, Fe)(Fe, Cr)_2O_4$	1.45	8.50	—	—	22.78	—	13.49	53.78
LF 渣	C_3A	33.65	0.98	—	20.20	—	—	—	45.17
	$C_{12}A_7$	30.75	1.45	—	21.83	—	—	—	45.97
	MgO	1.12	45.20	—	—	0.97	—	—	52.71

　　图 5.3（a）和（b）为 BOF 渣的 SEM 图像。由图 5.3（a）和（b）可知，大面积深灰色区域所对应的矿相为 C_3S。浅灰色区域的元素组成为 Ca、Fe、Al 和 O，通过 EDS 分析，Ca 与 Fe＋Al 的原子比近似为 1，推测为 $Ca_2(Fe, Al)_2O_5$（简写为 C_2F）。另外，白灰色区域的元素组成为 Ca、Mg、Mn、Fe 和 O，通过 EDS 分析，推测为 $(Ca, Mg, Mn)Fe_2O_4$（简写为 CF）。但是，此矿相并未被 XRD 检测到，可能是由于矿相含量低。块状黑色区域为 Mg、Fe 和 Ca 组成的氧化物固溶体，即 MgO·FeO·CaO（简写为 MgO）。

　　图 5.3（c）和（d）为 EAF 渣的 SEM 图像。由图 5.3（c）和（d）可知，C_3MS_2 相为 EAF 渣的基体相，呈现大面积黑灰色。此外，检测到由两种元素组成的尖晶石相，其中，浅灰色相对应镁铬尖晶石相，EDS 结果表明其分子式为 $MgCr_2O_4$，白灰色矿相（包裹于镁铬尖晶石相中）对应镁铁尖晶石相，EDS 结果表明其分子式为 $(Mg,Fe)(Fe,Cr)_2O_4$。EAF 渣的元素分布较分散，C_3MS_2 相中固溶一定含量的 Cr 元素，这种现象表明 C_3MS_2 相在酸性溶液中溶解释放 Ca 的同时，也存在 Cr 溶出的风险。此外，尖晶石相中固溶一定含量的 Ca、Mg 和 Si。研究表明，当尖晶石相中固溶其他杂质元素时，会降低尖晶石相的稳定性并增加 Cr 浸出风险[165]。因此，含 Cr 钢渣在应用于碳捕集工艺时，应特别关注渣中 Cr 元素的走向。

　　图 5.3（e）和（f）为 LF 渣的 SEM 图像。由图 5.3（e）和（f）可知，铝酸盐相中固溶一定含量的 Mg 元素：C_3A 相中 Mg 原子分数为 0.98%，$C_{12}A_7$ 相中 Mg 原子分数为 1.45%。此外，EDS 结果表明，LF 渣中的 Ca 大量赋存于铝酸盐相中，少量富集于 MgO 相中（Ca 原子分数为 1.12%），MgO 相中固溶一定含量的 CaO 和 FeO。

5.3　钢渣 Ca 提取行为研究

5.3.1　离子释放行为

图 5.4（a）为 BOF 渣、EAF 渣和 LF 渣在 1mol/L NH₄Cl 溶液中的浸出时间-pH 关系曲线。从图 5.4（a）中可以看出，三种钢渣在溶液中的溶解主要分为两个阶段：①浸出过程的前 1min 表现为 pH 快速升高，产生该现象的原因可能为钢渣在溶液中发生快速的浸出反应；②随着浸出过程的进行，pH 升高缓慢，产生该现象的原因可能为钢渣表面覆盖产物相。各种钢渣在 CH₃COOH 溶液中的浸出行为与

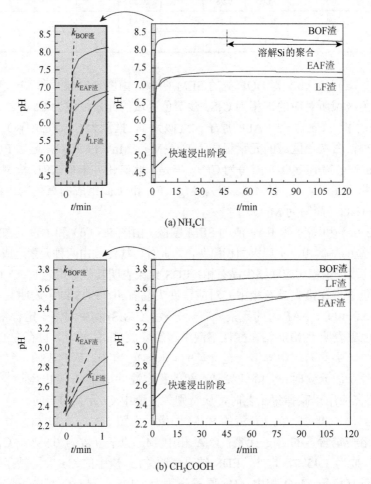

(a) NH₄Cl

(b) CH₃COOH

图 5.4　BOF 渣、EAF 渣和 LF 渣在 1mol/L NH₄Cl 溶液和 CH₃COOH 溶液中的浸出时间-pH 关系曲线

NH_4Cl 溶液中的相似，如图 5.4（b）所示。在钢渣浸出结束后，溶液温度均升高 1~3℃，表明钢渣的浸出为放热过程。在快速浸出阶段，单位时间内消耗 H^+ 的量（pH 变化）可表征钢渣的浸出反应速率，如图 5.4 所示。因此，根据快速浸出阶段的浸出时间-pH 关系曲线斜率，可得出三种钢渣在 NH_4Cl 溶液和 CH_3COOH 溶液中的反应速率均为 $k_{BOF渣}>k_{EAF渣}>k_{LF渣}$。

图 5.5 为三种钢渣在 NH_4Cl 溶液和 CH_3COOH 溶液中浸出 2h 后，浸出液中主要离子的浓度和元素浸出率。由图 5.5（a）可知，NH_4Cl 溶液浸出 BOF 渣表现为较高的 Ca 选择性浸出率，浸出液中 Ca^{2+} 浓度为 904mg/L（Ca 浸出率为 68%），超过其他离子浓度的 30 倍（Si^{4+} 浓度和 Mg^{2+} 浓度小于 30mg/L）。此外，NH_4Cl 浸出液中并未检测到 Fe 元素存在，证明含铁矿相在 NH_4Cl 溶液中表现为浸出惰性。EAF 渣和 LF 渣在 NH_4Cl 溶液中同样表现为浸出惰性，渣中各元素浸出率均小于 10%。此结果表明，EAF 渣和 LF 渣元素的提取回收可能需要更高酸浓度的溶液环境。综上可知，三种钢渣在 NH_4Cl 溶液中的 Ca 浸出能力为 BOF 渣＞EAF 渣≈LF 渣，与前面分析结果相似。

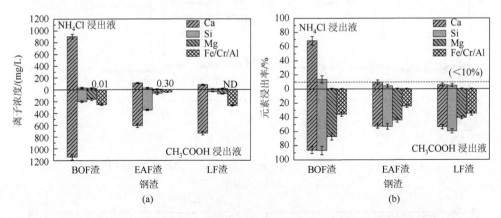

图 5.5　BOF 渣、EAF 渣和 LF 渣在 NH_4Cl 溶液和 CH_3COOH 溶液中浸出所得浸出液中主要离子的浓度和元素浸出率

ND 指未检测到（not detected）

三种钢渣在 CH_3COOH 溶液条件下均表现为较高的 Ca 浸出率。除 Ca 元素以外，钢渣中的其他元素（Fe、Al 和 Si 等）也大量浸出。BOF 渣中 CH_3COOH 浸出液为淡黄色，这是因为浸出液中存在 Fe 元素。EAF 渣和 LF 渣在 CH_3COOH 溶液中表现出相似的浸出特性，Ca 浸出率分别为 52% 和 53%。此外，EAF 渣在 CH_3COOH 溶液中浸出 2h 后，浸出液中 Cr 离子（Cr^{3+} 和 Cr^{6+}）浓度为 41mg/L（Cr 浸出率为 24%）。因此，CH_3COOH 浸出钢渣所得浸出液需经过严格的 Cr 处理才可进行后续的应用[166]。

5.3.2 矿相转变行为

1. BOF 渣

图 5.6 为 BOF 渣在 NH_4Cl 溶液和 CH_3COOH 溶液中浸出 2h 前后的 XRD 图谱。图 5.7 为 BOF 渣在 NH_4Cl 溶液和 CH_3COOH 溶液中浸出 2h 前后的各矿相质量分数和质量变化。

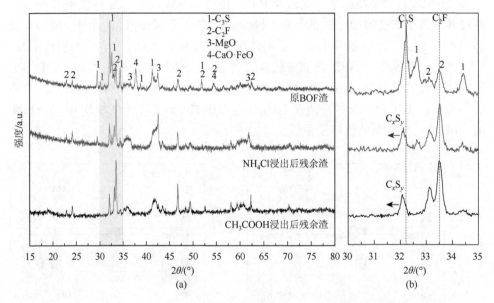

图 5.6　BOF 渣在 NH_4Cl 溶液和 CH_3COOH 溶液中浸出前后的 XRD 图谱与 30°~35°区间放大图

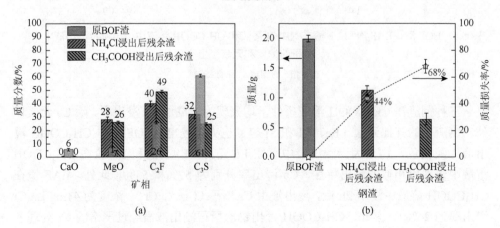

图 5.7　BOF 渣在 NH_4Cl 溶液和 CH_3COOH 溶液中浸出前后矿相质量分数和质量变化

由图 5.6（a）可知，BOF 渣中 CaO 相的特征峰在 NH_4Cl 溶液和 CH_3COOH 溶液中浸出 2h 后消失，表明 CaO 相在浸出过程中溶解。另外，经浸出后，C_3S 相的特征峰强度降低。结合 ICP-OES 和 XRD 结果分析，BOF 渣中的 C_2F 和 MgO 相在 NH_4Cl 溶液中表现为浸出惰性［NH_4Cl 浸出液中 Mg^{2+} 浓度和 Fe 离子（Fe^{3+}/Fe^{2+}）浓度小于 30mg/L］。因此，BOF 渣在 NH_4Cl 溶液中的 Ca^{2+} 主要来源于 CaO 和 C_3S 相的分解。由图 5.7 可知，BOF 渣在经过 NH_4Cl 浸出 2h 后，质量损失率为 44%，渣中 C_2F 和 MgO 相的质量分数从 33% 增加到 68%。因此，C_2F 和 MgO 在浸出渣中富集。

由图 5.7（b）可知，BOF 渣在 CH_3COOH 溶液中浸出 2h 后，质量损失率为 68%。C_3S 相的特征峰在经过 NH_4Cl 溶液和 CH_3COOH 溶液浸出后，峰形逐渐趋于平缓，峰位逐渐向高衍射角度偏移，证明浸出后 C_3S 相的晶体结构被破坏。C_2F 相的特征峰的峰位在经过 NH_4Cl 溶液和 CH_3COOH 溶液浸出后并未发生明显变化，其相对强度逐渐增加。该结果表明 NH_4Cl 溶液和 CH_3COOH 溶液并未显著破坏 C_2F 相的晶体结构。因此，C_3S 相的浸出反应性高于 C_2F 相。C_3S 相的高浸出反应性已见诸报道。但是，该 BOF 渣中 C_3S 相并未完全溶解。因此，进一步通过块状 BOF 渣的表面浸出实验探究原因。

将块状 BOF 渣在 NH_4Cl 溶液和 CH_3COOH 溶液中进行室温浸出实验，浸出时间为 48h。图 5.8 为 BOF 渣浸出前后的 SEM 和 3DLM 图像。

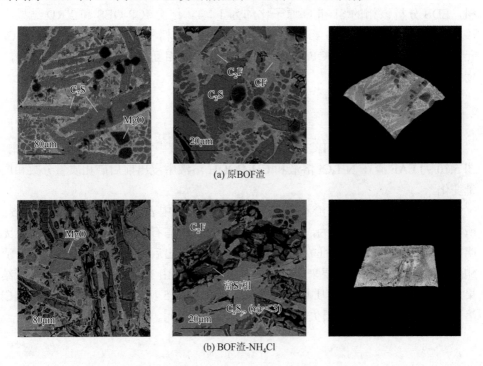

(a) 原 BOF 渣

(b) BOF 渣-NH_4Cl

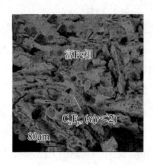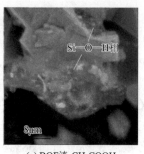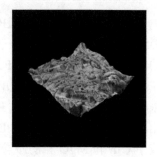

(c) BOF渣-CH₃COOH

图5.8 BOF 渣在 NH_4Cl 溶液和 CH_3COOH 溶液中浸出前后的 SEM 和 3DLM 图像

原 BOF 渣表现为光滑平面 [图5.8（a）]，在 NH_4Cl 溶液中浸出后，C_3S 相出现沟壑，而 C_2F、CF 和 MgO 相表面无明显浸蚀行为 [图5.8（b）]。SEM 结果与 XRD 结果一致。对 C_3S 浸出表面进行 EDS 分析，浸出表面含 Si 和 O 元素，以及少量 Ca（原子分数为 2%～9%）。这一结果表明，C_3S 相中的部分 Ca 洗脱进入浸出液中，并留下富 Si 相（C_xS_y，$x/y<3$）。

BOF 渣在 CH_3COOH 溶液中浸出后，表面呈现不同程度的浸蚀 [图5.8（c）]。对浸蚀表面进行 EDS 分析，大量 Fe 和少部分 Ca 残存于表面，证明 BOF 渣在 CH_3COOH 浸出后表面残留富 Fe 相（C_xF_y，$x/y<2$）。此外，表面还发现 Si—O—H 相，EDS 分析该相的 Si 和 O 原子比约为 1：4。结合 ICP-OES 和 XRD 结果，该相的形成可归因于 C_3S 相的分解。因此，富 Fe 相和 Si—O—H 相限制了 Ca 元素的深度溶出，表明 BOF 渣与浸出液间有限的相互作用影响了渣中 Ca 的深度提取。

2. EAF 渣

图5.9 为 EAF 渣在 NH_4Cl 溶液和 CH_3COOH 溶液中浸出 2h 前后的 XRD 图谱。图5.10 为 EAF 渣在 NH_4Cl 溶液和 CH_3COOH 溶液中浸出前后矿相质量分数和质量变化。

由图5.5 可知，EAF 渣和 LF 渣在 NH_4Cl 溶液中表现为浸出惰性，与图5.9 所得结果一致。具体表现为，EAF 渣中 C_3MS_2 和尖晶石相特征峰的形状和峰位无明显变化。C_3MS_2 相的特征峰强度在 NH_4Cl 溶液浸出后略微降低。因此，EAF 渣 NH_4Cl 浸出液中的 Ca 主要来源于 C_3MS_2 相的分解。由 XRD 图谱的半定量分析结果可知，浸出前后各矿相质量分数无明显变化 [图5.10（a）]。EAF 渣在 NH_4Cl 溶液中浸出 2h 后，质量损失率为 22% [图5.10（b）]。

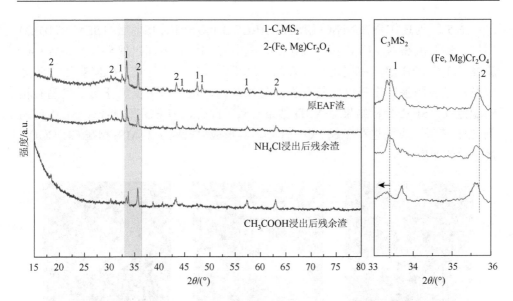

图 5.9　EAF 渣在 NH_4Cl 溶液和 CH_3COOH 溶液中浸出前后的 XRD 图谱和 33°～36° 区间放大图

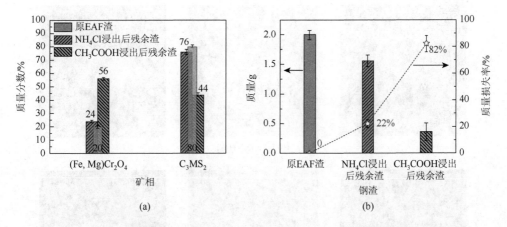

图 5.10　EAF 渣在 NH_4Cl 溶液和 CH_3COOH 溶液中浸出前后矿相质量分数和质量变化

由图 5.10（b）可知，EAF 渣在 CH_3COOH 溶液中浸出 2h 后，质量损失率为 82%。分析认为，EAF 渣质量损失主要来源于渣中 C_3MS_2 相的溶解。C_3MS_2 相的特征峰显著降低，其峰形逐渐趋于平缓，证明渣中 C_3MS_2 相的晶格在 CH_3COOH 溶液中被显著破坏。尖晶石相为稳定的 Cr 赋存矿相，其 XRD 特征峰的峰位和峰形在 NH_4Cl 溶液和 CH_3COOH 溶液中无明显变化，证明该溶液体系不足以明显破坏尖晶石相的晶体结构。对比可知，C_3MS_2 相的浸出反应性高于尖晶石相和 C_2F 相。

图 5.11 为 EAF 渣在 NH$_4$Cl 溶液和 CH$_3$COOH 溶液中浸出前后的 SEM 和 3DLM 图像。EAF 渣在 NH$_4$Cl 溶液中浸出后，渣中 C$_3$MS$_2$ 相表面出现窄裂纹。当 EAF 渣在 CH$_3$COOH 溶液中浸出后，表面出现不同程度的浸蚀坑，C$_3$MS$_2$ 相被明显破坏，且表面暴露出三维尖晶石相的晶体结构，这一结果更加证明了尖晶石相的稳定性。SEM 分析结果与 XRD 结果一致。此外，与 BOF 渣相似，SEM 观测到 EAF 渣浸出表面也存在 Si—O—H 相，其形成可归因于 C$_3$MS$_2$ 相在 CH$_3$COOH 溶液中的溶解。

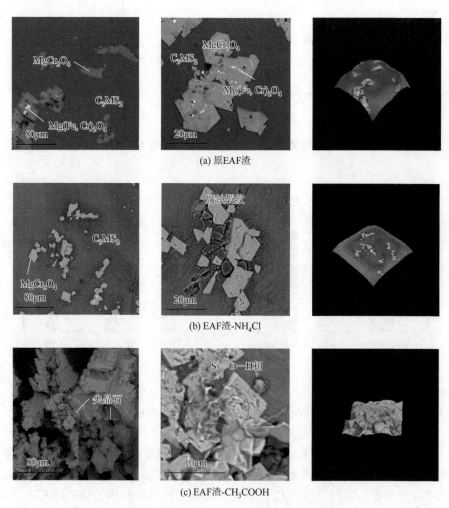

(a) 原EAF渣

(b) EAF渣-NH$_4$Cl

(c) EAF渣-CH$_3$COOH

图 5.11　EAF 渣在 NH$_4$Cl 溶液和 CH$_3$COOH 溶液中浸出前后的 SEM 和 3DLM 图像

3. LF 渣

图 5.12 为 LF 渣在 NH$_4$Cl 溶液和 CH$_3$COOH 溶液中浸出 2h 前后的 XRD 图谱。

　　图 5.13 为 LF 渣在 NH_4Cl 溶液和 CH_3COOH 溶液中浸出前后的矿相质量分数和质量变化。

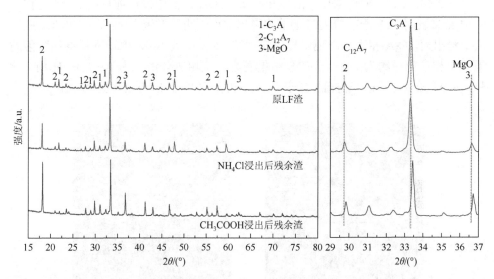

图 5.12　LF 渣在 NH_4Cl 溶液和 CH_3COOH 溶液中浸出前后的 XRD 图谱和 29°～37°区间放大图

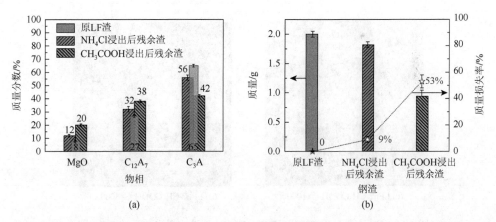

图 5.13　LF 渣在 NH_4Cl 溶液和 CH_3COOH 溶液中浸出前后矿相质量分数和质量变化

　　由图 5.12 可知，浸出前后，LF 渣中各结晶相（C_3A、$C_{12}A_7$ 和 MgO）特征峰的峰形和峰位无明显变化，证明渣中各矿相在 NH_4Cl 溶液中均表现出浸出惰性。半定量 XRD 结果表明，LF 渣在 NH_4Cl 溶液中浸出后的质量损失率仅为 9%〔图 5.13（b）〕。LF 渣在 CH_3COOH 溶液中浸出 2h 后的质量损失率为 53%。XRD 结果表明，CH_3COOH 处理后的 LF 渣中，C_3A 相的特征峰强度降低，$C_{12}A_7$ 和 MgO 相的特征峰强度升高（图 5.12）。半定量 XRD 结果表明，CH_3COOH 浸出渣中 C_3A 相的质量分数从 65%降低到 42%。因此，CH_3COOH 浸出液中溶解 Ca 主要来源于 C_3A 相的溶解。LF 渣中 C_3A 相的浸出反应性高于 $C_{12}A_7$ 和 MgO 相。

图 5.14 为 LF 渣在 NH_4Cl 溶液和 CH_3COOH 溶液中浸出前后的 SEM 图像。SEM 结果表明，LF 渣在 NH_4Cl 溶液中浸出前后无明显形貌变化。在 CH_3COOH 溶液中浸出后，C_3A 相表面出现明显的浸蚀坑。此外，在 SEM 视场下观察到散落的无定形相（粒径约为 2μm），EDS 结果表明，该相成分组成为 Al—O—H 相。此外，SEM 图像显示该产物相覆盖于 LF 渣表面，不利于 LF 渣的进一步溶解。

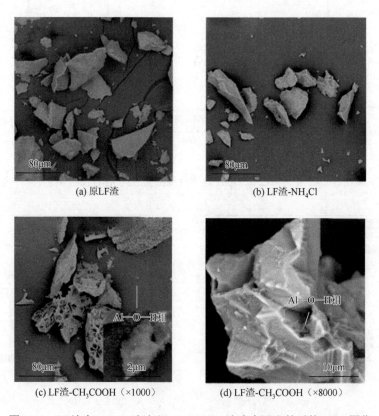

(a) 原LF渣

(b) LF渣-NH_4Cl

(c) LF渣-CH_3COOH（×1000）

(d) LF渣-CH_3COOH（×8000）

图 5.14　LF 渣在 NH_4Cl 溶液和 CH_3COOH 溶液中浸出前后的 SEM 图像

图 5.15 为 Ca 赋存矿相和溶剂（浓度为 1mol/L 的 CH_3COOH 溶液和 NH_4Cl 溶液）对钢渣中 Ca 提取的协同作用。若钢渣中 Ca 主要赋存于 C_3S 相中，则 NH_4Cl 溶液为较佳的浸出环境，可实现钢渣中 Ca 的选择性提取。若钢渣中 Ca 主要以 C_2F 和 C_3A 相的形式存在，则 NH_4Cl 溶液不足以实现钢渣中的 Ca 提取。另外，不同矿相在不同浸出液中所得的浸出产物相不同，这也将影响钢渣中 Ca 向溶液中扩散的动力学条件。

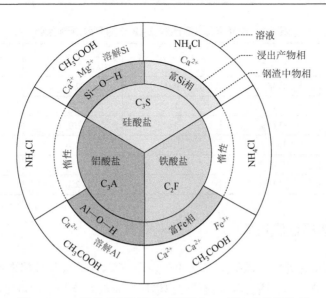

图 5.15　Ca 赋存矿相和溶剂对钢渣中 Ca 提取的协同作用

5.4　碳捕集分析

5.4.1　有效碳封存量

根据不同钢渣在 NH_4Cl 溶液和 CH_3COOH 溶液中的 Ca^{2+} 含量可计算有效碳封存量，结果如表 5.3 所示。由表 5.3 可知，三种钢渣在 NH_4Cl 溶液和 CH_3COOH 溶液浸出后的有效碳封存量为 BOF 渣＞EAF 渣≈LF 渣。这一结果与浸出时间-pH 关系曲线结果分析相符。EAF 渣和 LF 渣表现出相似的碳封存量，其有效碳封存量取决于浸出溶剂的选择。根据本实验条件下取得的测算结果，当使用 CH_3COOH 浸出剂时，EAF 渣和 LF 渣所得浸出液的 Ca^{2+} 浓度分别为 610mg/L 和 740mg/L，其有效碳封存量分别为 199gCO_2/kg 渣和 236gCO_2/kg 渣，与其理论碳封存量均相差 38%；当使用 NH_4Cl 浸出剂时，EAF 渣和 LF 渣有效碳封存量分别为 31gCO_2/kg 渣和 22gCO_2/kg 渣，与其理论碳封存量分别相差 90%和 94%。但是，BOF 渣的有效碳封存量与浸出剂的选择并无显著关系：其在 NH_4Cl 溶液和 CH_3COOH 溶液浸出工艺时的有效碳封存量分别为 249gCO_2/kg 渣和 314gCO_2/kg 渣，与其理论碳封存量分别相差 31%和 13%。值得注意的是，当选择 NH_4Cl 溶液作为浸出剂时，BOF 渣的有效碳封存量是 EAF 渣和 LF 渣的 8 倍和 11 倍。此外，由于将浸出的 Ca^{2+} 转化为 $CaCO_3$ 产品可能是一个不完全过程，实际碳封存量可能会更低。

表 5.3　BOF 渣、LF 渣和 EAF 渣的有效碳封存量

浸出液	钢渣	Ca²⁺浓度/(mg/L)	有效碳封存量/(gCO₂/kg 渣)	与理论碳封存量相差/%
NH₄Cl（浓度为 1mol/L，体积为 250mL）	BOF 渣	904	249	31
	EAF 渣	112	31	90
	LF 渣	80	22	94
CH₃COOH（浓度为 1mol/L，体积为 250mL）	BOF 渣	1140	314	13
	EAF 渣	610	199	38
	LF 渣	740	236	38

5.4.2　Ca 选择性浸出率

钢渣中 Ca 的提取是碳捕集工艺的重要环节，Ca 的选择性提取影响碳捕集成本及碳酸化产物质量。适合碳捕集的浸出液应具备的特点是 Ca^{2+} 浓度高、杂质元素少或者无杂质元素。图 5.16 为 BOF 渣、EAF 渣和 LF 渣在 NH_4Cl 溶液和 CH_3COOH

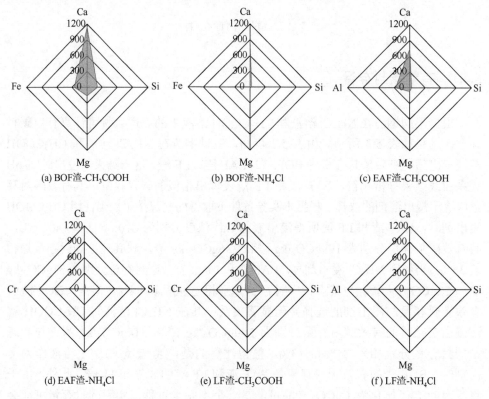

图 5.16　BOF 渣、EAF 渣和 LF 渣在 NH_4Cl 溶液和 CH_3COOH 溶液中浸出元素浓度的雷达图（单位：mg/L）

溶液中浸出元素浓度的雷达图。由图 5.16 可知，使用 CH_3COOH 浸出液，除 Ca^{2+} 外，钢渣中的 Fe、Si、Al 和 Mg 以离子形式大量溶出。研究报道，浸出液中 Fe 离子（Fe^{2+} 和 Fe^{3+}）同样会与 CO_2 反应，生成的碳酸铁沉淀影响 $CaCO_3$ 产品的纯度。采用碱性添加剂可以沉淀除去浸出液中的 Fe 离子（Fe^{2+} 和 Fe^{3+}），但成本会大幅度增加。对于 EAF 渣和 LF 渣，Si 和 Al 溶解进入溶液中。随着浸出时间的延长，溶解 Si 聚合形成的絮状沉淀会影响过滤顺利进行。

BOF 渣在 NH_4Cl 溶液中浸出，Ca 选择性浸出率可达 98%。但是，BOF 渣在 NH_4Cl 溶液中的 Ca 浸出率为 68%，这说明仍有大量 Ca 残留于浸出渣中。对于 EAF 渣和 LF 渣，其在 NH_4Cl 溶液中的溶解能力较差。相比之下，用 NH_4Cl 溶液处理 BOF 渣工艺具有较优的钢渣碳捕集应用前景。

5.5　本 章 小 结

本章对 BOF 渣、EAF 渣和 LF 渣的化学成分及矿物学特点进行了对比分析，探究了不同种类钢渣在酸性溶液中的浸出行为，探讨了钢渣 Ca 赋存矿相与溶剂环境对其提取行为的协同作用，并基于有效碳封存量和 Ca 选择性浸出率，评价了三种钢渣的碳捕集应用能力。本章所得主要结论如下。

（1）Ca 在 BOF 渣、EAF 渣和 LF 渣中的赋存形式不同。BOF 渣中 Ca 主要赋存于 C_3S 和 C_2F 相中，EAF 渣中 Ca 主要以 C_3MS_2 相存在，LF 渣中 Ca 主要赋存于 C_3A 和 $C_{12}A_7$ 相中。

（2）钢渣在酸性溶液的浸出分为快速浸出与缓慢浸出两个阶段。在 NH_4Cl 溶液中，BOF 渣 Ca 浸出率为 68%，EAF 渣和 LF 渣 Ca 浸出率小于 10%。在 CH_3COOH 溶液中，钢渣 Ca 浸出率相对较高，且伴随其他元素浸出。其中，EAF 渣 Cr 浸出率为 24%，应格外关注。

（3）由于 Ca 溶出能力不同，不同种类钢渣有效碳封存量存在差异：BOF 渣 > EAF 渣 ≈ LF 渣。相较于 CH_3COOH 溶液，NH_4Cl 溶液是良好的 Ca 选择性浸出剂，BOF 渣在 1mol/L 的 NH_4Cl 溶液中的 Ca 选择性浸出率可达 98%。

第 6 章　矿相的溶解反应与行为

由第 5 章研究可知，钢渣中 Ca 的提取能力与其赋存矿相有关。若将 Ca 赋存于易浸出相中，则有利于 Ca 的提取。为明确利于 Ca 提取及其碳捕集的矿相特征，本章将分别探究不同含 Ca 矿相（硅酸盐、铝酸盐、铁酸盐和 RO 相）在酸性溶液中的浸出反应性。此外，钢渣矿相结构复杂，浸出过程中会形成不同种类的浸出产物相，影响反应进行。为此，本章将重点探究典型含 Ca 矿相在酸性溶液中的相转变机制。

6.1　实　验　方　案

6.1.1　矿相制备与表征方法

本节利用分析纯化学试剂 CaO、MgO、SiO_2、Al_2O_3 和 Fe_2O_3，通过固相复烧法合成钢渣中的典型 Ca 赋存相[167]，包括硅酸盐类（γ-C_2S、C_2MS_2 和 C_3MS_2）、铝酸盐类（CA、$C_{12}A_7$ 和 C_3A）和铁酸盐类（C_2F）。根据元素的化学剂量比，将分析纯化学试剂混合、研磨。将混合粉末制备成圆饼状试样（质量为 15g，直径为 4cm，高为 0.4cm）并置于高温炉中，在特定温度下进行固相烧结，保温一定时间后，随炉冷却得到烧结试样。为确保合成矿相的纯度，将一次烧结试样破碎、研磨均匀后，在同样的步骤和烧结参数下进行复烧。合成矿相的种类、烧结参数及熔点如表 6.1 所示。

表 6.1　合成矿相的种类、烧结参数及熔点

种类	矿相	烧结温度/℃	烧结时间/h	熔点/℃
硅酸盐类	γ-C_2S	1400	24	2130
	C_2MS_2	1400	24	1458
	C_3MS_2	1400	48	1598
铝酸盐类	CA	1500	24	1605
	$C_{12}A_7$	1400	24	1413
	C_3A	1350	24	1535
铁酸盐类	C_2F	1400	24	1438

通过 XRD 对合成矿相进行表征，具体参数如下：扫描角度为 10°~70°，扫描速度为 4°/min。

6.1.2　矿相反应性研究

1. 热力学分析

表 6.2 列出了钢渣中的典型含 Ca 矿相组成。利用 FactSage 8.2 热力学软件计算 15 种含 Ca 矿相在酸性溶液中的溶解热力学，包括硅酸盐相（CS、γ-C$_2$S、α-C$_2$S、C$_3$S、C$_3$S$_2$、C$_2$MS$_2$、C$_3$MS$_2$ 和 CMS$_2$）、铝酸盐相（CA 和 C$_3$A）、铁酸盐相（CF 和 C$_2$F）和 RO 相（CaO、FeO 和 Fe$_2$O$_3$）。

表 6.2　钢渣中的典型含 Ca 矿相组成

类别	矿相	化学分子式	简写
硅酸盐相	α-硅酸二钙	α-Ca$_2$SiO$_4$	α-C$_2$S
	β-硅酸二钙	β-Ca$_2$SiO$_4$	β-C$_2$S
	γ-硅酸二钙	γ-Ca$_2$SiO$_4$	γ-C$_2$S
	硅酸三钙	Ca$_3$SiO$_5$	C$_3$S
	硅灰石	CaSiO$_3$	CS
	硅钙石	Ca$_3$Si$_2$O$_7$	C$_3$S$_2$
	透辉石	CaMgSi$_2$O$_6$	CMS$_2$
	蔷薇辉石	Ca$_3$MgSi$_2$O$_8$	C$_3$MS$_2$
	钙镁黄长石	Ca$_2$MgSi$_2$O$_7$	C$_2$MS$_2$
铁酸盐相	铁酸一钙	CaO·Fe$_2$O$_3$	CF
	铁酸二钙	2CaO·Fe$_2$O$_3$	C$_2$F
铝酸盐相	铝酸钙	CaAl$_2$O$_4$	CA
	铝酸三钙	Ca$_3$Al$_2$O$_6$	C$_3$A
氧化物相	复合氧化物	FeO/MgO/MnO/CaO	RO
	四氧化三铁	Fe$_3$O$_4$	
	三氧化二铁	Fe$_2$O$_3$	
	游离氧化物	f-CaO/f-MgO	
尖晶石相	类质同象尖晶石	(Mg, Mn, Fe^{2+})(Cr, Al, Fe^{3+})$_2$O$_4$	AB$_2$O$_4$

由于 FactSage 8.2 热力学软件数据库中缺少 C$_{12}$A$_7$ 和 β-C$_2$S 的相关热力学数据且非主要矿相，热力学分析中不包括这两种矿相。热力学计算选择的数据库为 FToxid 和 FactPS，温度设定为 25~100℃，压力设定为 1atm（1atm = 101325Pa）。

2. 浸出模拟实验

将表 6.1 中合成矿相的粒度研磨至小于 74μm，称取 2g 试样倒入浓度为 0.1mol/L 的 HCl 溶液中（体积为 250mL），室温反应 2h。在浸出过程中使用磁力搅拌，搅拌速率为 300r/min。浸出结束后，所得浆液经真空抽滤，得到滤液和浸出渣。将滤液移入 500mL 容量瓶中定容。浸出液中的 Ca^{2+} 浓度通过化学滴定法和 ICP-OES 测定。采用式（6.1）计算各矿相的 Ca 浸出率（R_{Ca}），以评估各矿相的浸出反应性。

$$R_{Ca} = \frac{C_{Ca} \times M_{Ca} \times V}{m \times w_{Ca}} \times 100\% \qquad (6.1)$$

式中，C_{Ca} 为浸出液中 Ca^{2+} 浓度（mol/L）；M_{Ca} 为 Ca 摩尔质量（g/mol）；V 为浸出液的体积（L）；m 为物料的质量（g）；w_{Ca} 为矿相中 Ca 质量分数。

6.1.3　矿相转变机制研究

为了研究矿相微观转变机制，将合成的六种块状矿相（C_3MS_2、C_2MS_2、CA、$C_{12}A_7$、C_3A 和 C_2F）在体积为 250mL、浓度为 0.1mol/L 的 HCl 溶液中浸出 48h，如图 6.1 所示。

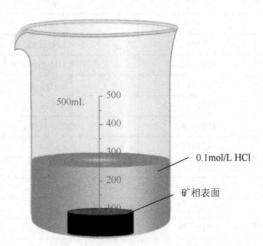

图 6.1　块状矿相浸出实验示意图

在进行块体浸出实验之前，矿相的表面经过打磨和抛光处理，得到平整的矿相表面。待反应结束后，将试样小心地移出，并用超纯水洗涤，避免形貌被破坏。将所得试样在 60℃下烘干 48h。借助 SEM-EDS 和 3DLM 等对浸出实验前后的试样进行检测。

6.2　矿相反应性热力学分析

图 6.2 为硅酸盐相、铁酸盐相、铝酸盐相和 RO 相在 25～100℃酸性溶液（HCl 溶液）体系中的反应焓变（$\Delta H^{\ominus}$）。由图 6.2 可知，各矿相在酸性溶液中的分解反应均为放热反应（$\Delta H^{\ominus} < 0$），升高温度不利于离子的溶出。温度对矿相溶解的反应焓变影响不大。

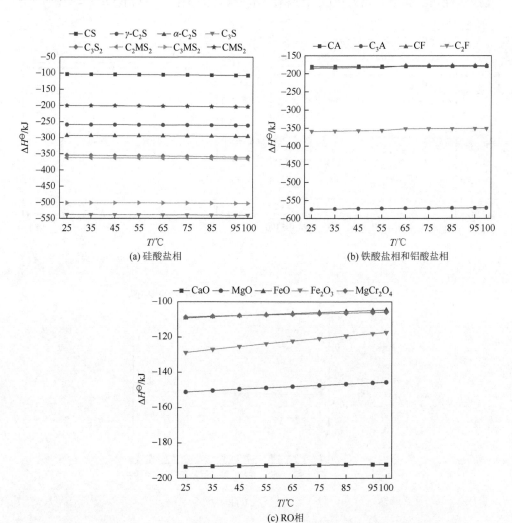

(a) 硅酸盐相

(b) 铁酸盐相和铝酸盐相

(c) RO相

图 6.2　硅酸盐相、铁酸盐相和铝酸盐相、RO 相与 HCl 溶液在 25～100℃的 $\Delta H^{\ominus}$

图 6.3 为 25~100℃下各矿相在 HCl 溶液中分解反应的吉布斯自由能变（$\Delta G^\ominus$）。硅酸盐、铁酸盐和铝酸盐相均可在室温下分解释放 Ca^{2+}。FeO、Fe_2O_3 和 $MgCr_2O_4$ 相的溶解反应不能显著进行。从反应热力学的角度，可以用 1mol 矿物与 HCl 溶液反应的 $\Delta G^\ominus$ 值来评价矿物的浸出反应性。图 6.4 为硅酸盐相、铁酸盐相、铝酸盐相和 RO 相等在 25℃ HCl 溶液中浸出的 $\Delta H^\ominus$-$\Delta G^\ominus$ 图。定义 $\Delta G^\ominus$ <–400kJ 的区域为高反应活性区，则 C_3A、C_3S 和 C_3MS_2 相为高反应活性相；定义 $\Delta G^\ominus$ = –400~ –190kJ 的区域为反应活性区，则 C_3S_2、C_2F、C_2MS_2、α-C_2S、γ-C_2S 和 CaO 相为反应活性相；其余矿相为反应惰性相，所在区域的 $\Delta G^\ominus$ >–190kJ。

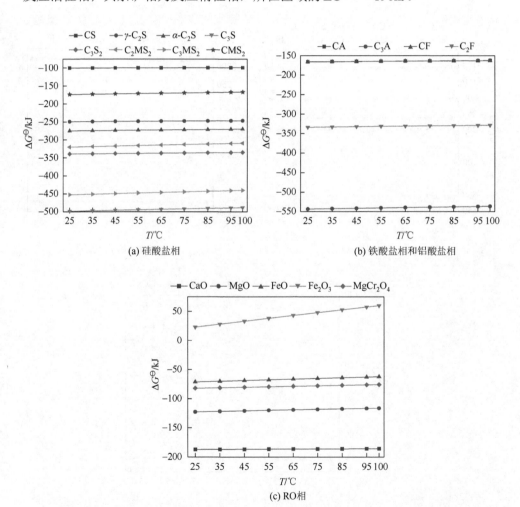

图 6.3　硅酸盐相、铁酸盐相和铝酸盐相、RO 相与 HCl 溶液在 25~100℃的 $\Delta G^\ominus$

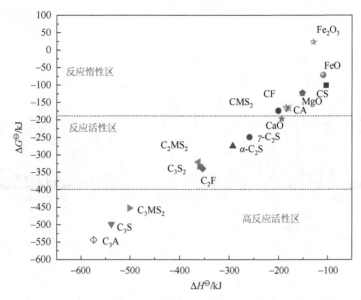

图 6.4　各矿相在 25℃ HCl 溶液中浸出的 $\Delta H^{\ominus}$ - $\Delta G^{\ominus}$ 图

6.3　矿相反应性实验研究

6.3.1　矿相表征

图 6.5 为合成矿相的 XRD 图谱。结果表明，大部分合成矿相为单一目标相，其中，C_3A 中含有少量 $C_{12}A_7$ 相。通过对 XRD 图谱进行全谱拟合，计算出合成矿相的晶格参数，如表 6.3 所示。

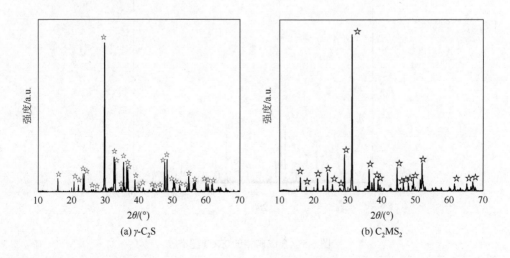

(a) γ-C_2S　　　　　　　　　　　　　　　(b) C_2MS_2

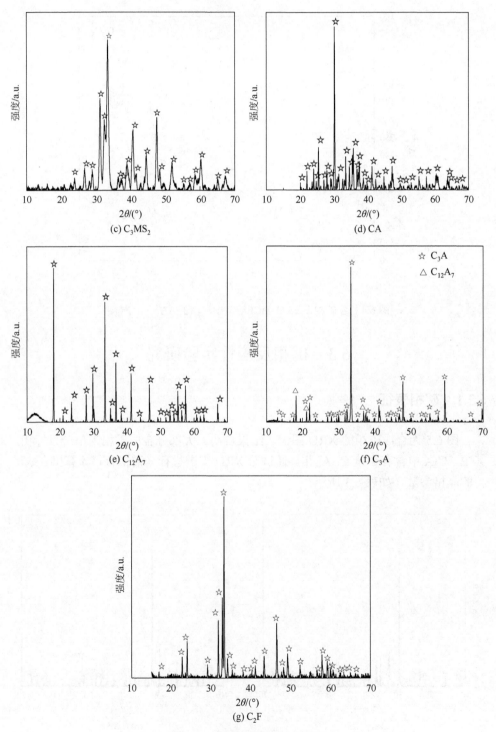

图 6.5　合成矿相的 XRD 图谱

表 6.3　合成矿物的晶体学数据

矿相	晶系	空间群	a/Å	b/Å	c/Å	α/(°)	β/(°)	γ/(°)
γ-C$_2$S	正交	$Pbnm$	5.124	11.344	6.809	90	90	90
C$_2$MS$_2$	四方	$P\bar{4}2_1m$	7.907	7.907	5.053	90	90	90
C$_3$MS$_2$	单斜	$P2_1/c$	9.468	5.351	13.394	90	92	90
CA	单斜	$P2_1/c$	8.783	8.216	17.653	90	119	90
C$_{12}$A$_7$	立方	$I\bar{4}3d$	11.981	11.981	11.981	90	90	90
C$_3$A	立方	$Pa\bar{3}$	15.409	15.409	15.904	90	90	90
C$_2$F	正交	$Pnma$	5.395	14.675	5.570	90	90	90

6.3.2　矿相浸出活性

图 6.6 为室温条件下不同矿相在浓度为 0.1mol/L 的 HCl 溶液中的 Ca 浸出率。由图 6.6 可知，各矿相在酸性溶液中表现出不同的 Ca^{2+} 释放能力。其中，CaO 具有较强的溶解能力，Ca 浸出率大于 80%，为高反应活性相。C$_3$A 和硅酸盐相在酸性

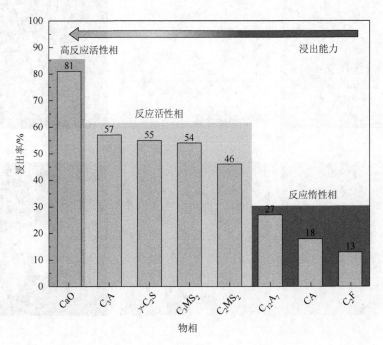

图 6.6　室温条件下各矿物在浓度为 0.1mol/L 的 HCl 溶液中的 Ca 浸出率

溶液中的 Ca 浸出率大于 45%，表现为反应活性相。大部分铝酸盐相和 C_2F 的 Ca 浸出率小于 30%，表现为反应惰性相。

需要说明的是，大多数含 Ca 矿相浸出实验结果与热力学分析结果一致，但 CaO 和 C_2F 相的实验结果与热力学分析结果存在较大差异，推测与借鉴的热力学数据有关。

6.4 矿相转变机制研究

由于 CaO 的晶体结构简单，CaO 的可浸出性较高。本节探究硅酸盐、铝酸盐和铁酸盐在浸出过程中的相转变行为，从原子层面解释矿相溶解过程中的相转变机制。

6.4.1 硅酸盐

图 6.7 为室温条件下 C_3MS_2 和 C_2MS_2 块状矿相在浓度为 0.1mol/L 的 HCl 溶液

(a) C_3MS_2

(b) C_2MS_2

图 6.7 C_3MS_2 和 C_2MS_2 块状矿相在浓度为 0.1mol/L 的 HCl 溶液中室温浸出前后的
SEM 和 3DLM 图像

中浸出前后的 SEM 和 3DLM 图像。两种矿相在浸出前表面光滑，浸出后表面变得粗糙，并出现不同深度的浸蚀坑。浸出后的 C_3MS_2 相表面出现了白色絮状产物，EDS 分析结果表明主要元素组成为 Si 和 O（Si 和 O 的原子比约为 $1:4$）。此外，C_3MS_2 粉末浸出液在室温下静置 2 周后，出现白色絮状沉淀物。EDS 分析该沉淀物元素组成与块状 C_3MS_2 浸出表面产物相的元素组成相同，推测该相为硅胶，其由溶解 SiO_2 聚合得到[168, 169]。但是，C_2MS_2 浸出后表面未发现新相。EDS 分析浸出后表面的元素组成主要为 Si 和 O，以及微量 Ca 和 Mg。此外，在 C_2MS_2 的渗滤液中并没有发现白色沉淀，表明大部分 Si 在体相中未溶解，浸出后残留富 Si 相。

元素 Si 在 C_3MS_2 和 C_2MS_2 相中不同的溶解行为可能与其晶体结构有关。图 6.8

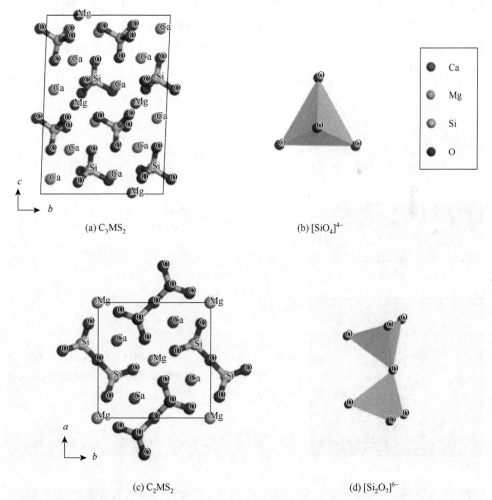

(a) C_3MS_2　　　　　　　　　　　　　(b) $[SiO_4]^{4-}$

(c) C_2MS_2　　　　　　　　　　　　　(d) $[Si_2O_7]^{6-}$

图 6.8　C_3MS_2 的晶体结构和 $[SiO_4]^{4-}$ 与 C_2MS_2 的晶体结构和 $[Si_2O_7]^{6-}$（扫封底二维码可见彩图）

为 C_3MS_2 和 C_2MS_2 相的晶体结构，以及其 Si 组成单元。硅酸盐典型的晶体结构为$[SiO_4]^{4-}$和阳离子多面体。C_3MS_2 和 C_2MS_2 晶体结构的区别在于$[SiO_4]^{4-}$单元的缔合方式不同：C_3MS_2 相中 Si 以$[SiO_4]^{4-}$单体存在，而 C_2MS_2 相中 2 个$[SiO_4]^{4-}$通过共用 1 个桥氧连接形成复杂的硅二聚体结构（$[Si_2O_7]^{6-}$）。

　　矿相溶解被认为是晶体中键断裂的宏观表现。由于金属键 M—O（M = Ca，Mg）的键能较弱，H^+会优先破坏金属键并替换晶体中的 Ca^{2+}和 Mg^{2+}，形成—Si—O—H 基团[170]。因此，C_3MS_2 和 C_2MS_2 相都可以向酸性溶液中释放 Ca^{2+}和 Mg^{2+}。在 C_3MS_2 晶体中，Si 以小分子量$[SiO_4]^{4-}$单元存在于晶体结构中 [图 6.8（b）]。当 H^+置换出 Ca^{2+}和 Mg^{2+}后，所得—Si—O—H 小分子单元易溶于溶液中，两个或多个—Si—O—H 基团通过缩聚反应形成硅酸 [图 6.9（b）]。该产物相覆盖于 C_3MS_2 相表面，限制了粒子在界面处的扩散。此外，只有当硅基团以小分子量$[SiO_4]^{4-}$单元存在于矿物中，或大分子结构的硅基团被强酸分解成小分子单元时，硅基团才能溶解到溶液中。但是，在 C_2MS_2 相中，2 个$[SiO_4]^{4-}$单元共享桥氧形成更复杂的$[Si_2O_7]^{6-}$ [图 6.8（d）]。

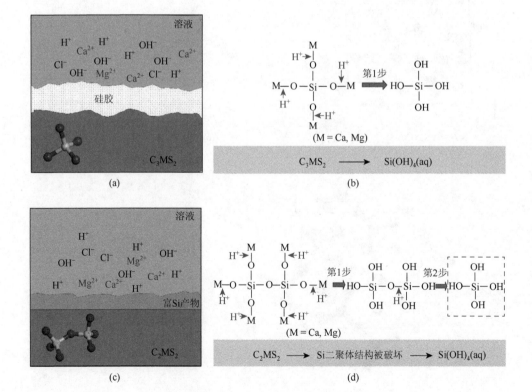

图 6.9　C_3MS_2 和 C_2MS_2 相在浓度为 0.1mol/L 的 HCl 溶液中的浸出行为及浸出机理示意图

　　结合本实验结果，C_2MS_2 的浸蚀表面没有发现新相，而是出现了富 Si 相，可以推测 C_2MS_2 晶体中的 Si—O—Si 桥氧键并未被 H^+ 明显破坏。在本实验酸性条件下，C_2MS_2 相的分解以第一步为主，即 Ca—O 和 Mg—O 键的断裂 [图 6.9 (d)]。综合分析以上结果，C_3MS_2 相的浸出反应性高于 C_2MS_2 相。

6.4.2　铝酸盐

　　图 6.10 为室温条件下 CA、$C_{12}A_7$ 和 C_3A 块状矿相在浓度为 0.1mol/L 的 HCl 溶液中浸出前后的 SEM 和 3DLM 图像。由图 6.10 可知，$C_{12}A_7$ 和 C_3A 相浸出后，表面出现非均匀浸蚀坑，且出现新产物相覆盖于浸出表面。EDS 结果表明该相主要元素组成为 Al 和 O。此外，C_3A 相所得浸出液静置 2 周后出现絮状沉淀物。经 EDS 分析，推测该沉淀相为 $Al(OH)_3$。根据 SEM-EDS 结果，$C_{12}A_7$ 相浸出表面除了存在 $Al(OH)_3$，还残留贫 Ca 富 Al 相（主要元素为 Al、O，以及少量的 Ca）。这一结果表明，仍有大量 Al 未溶出。CA 相浸出后表面出现较小的浸蚀坑及断裂痕迹 [图 6.10 (a)]。EDS 结果表明，被浸蚀的表面主要有 Ca、

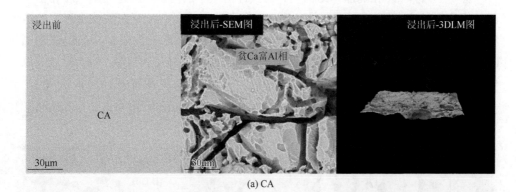

(a) CA

(b) $C_{12}A_7$

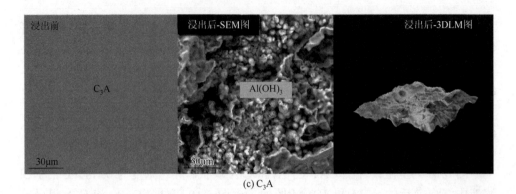

(c) C₃A

图 6.10　CA、C₁₂A₇ 和 C₃A 块状矿相在浓度为 0.1mol/L 的 HCl 溶液中室温浸出前后的
SEM 和 3DLM 图像

Al 和 O，且表面 Ca 和 Al 原子比减小，说明 CA 相经浸蚀后，Ca 溶解并进入溶液中，残留贫 Ca 富 Al 相。通过以上分析，可得出三种铝酸盐的浸出反应性为 $C_3A > C_{12}A_7 > CA$，这与前述试验结果一致。

图 6.11 为 C₃A 相的晶体结构及其在酸性溶液中的溶解反应路径。C₃A 相由封闭的铝四面体六元环（$[Al_6O_{18}]^{18-}$）和 Ca 多面体组成。C₃A 相在酸性溶液中的溶解过程分为三个步骤：首先，溶液中的 H⁺ 攻击 Ca—O 键，形成 $[Al_6O_{18}H_{12}]^{6-}$ 基团 ［图 6.11（c）］；其次，溶液中剩余的 H⁺ 破坏 $[Al_6O_{18}]^{18-}$ 结构（—Al—O—Al—键被破坏），形成多个小分子铝基团（$[Al(OH)_4]^+$）［图 6.11（d）］；最后，溶解的 $[Al(OH)_4]^+$

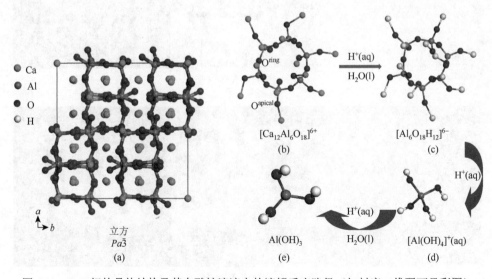

图 6.11　C₃A 相的晶体结构及其在酸性溶液中的溶解反应路径（扫封底二维码可见彩图）

通过缩聚反应形成新相 $Al(OH)_3$ [图 6.11（e）]。在 C_3A、$C_{12}A_7$ 和 CA 相中，随着铝酸盐中 Ca 和 Al 摩尔比的降低（从 1.5 降低到 0.5），晶体中 $[Al_6O_{18}]^{18-}$ 单元的聚合程度增加，对应铝酸盐的晶体结构更复杂。$C_{12}A_7$ 晶体由 12 个笼子单元（$[Ca_{24}Al_{28}O_{64}]^{4+}$）组成。在 CA 晶体结构中，$[AlO_4]^{5-}$ 多面体通过桥氧彼此键连，形成一个复杂的空间网络结构。因此，随着铝酸盐中 Ca 和 Al 摩尔比的降低，晶体结构逐渐从六元环状骨架到空间网状结构，铝酸盐晶体结构的复杂程度增加，意味着需要更高的 H^+ 浓度才能攻击—Al—O—Al—网状结构。因此，在本实验的酸浓度（浓度为 0.1mol/L 的 HCl 溶液）下，H^+ 可以严重破坏 C_3A 相中的环结构，部分破坏 $C_{12}A_7$ 相中的骨架结构，而对 CA 相中的网络结构影响非常微弱。

6.4.3　铁酸盐

图 6.12 为室温条件下 C_2F 块状矿相在浓度为 0.1mol/L 的 HCl 溶液中浸出前后的 SEM 和 3DLM 图像。图 6.13 为 C_2F 晶体结构点阵和铁多面体结构图。C_2F 相浸出前后的形貌变化与 CA 和 C_2MS_2 相浸出前后的形貌变化相似。EDS 结果表明，浸出表面含有 Fe、O 和微量 Ca。C_2F 相浸出后留下贫 Ca 富 Fe 相。C_2F 粉末矿相浸出后所得浸出液呈淡黄色，可判断部分 Fe 从 C_2F 体相中溶解出来。但基于铁多面体的链结构 [图 6.13（b）]，大量 Fe 仍残留在体相中。在本实验条件下，溶液的酸度不足以攻击铁多面体链结构中的桥氧键。结合分析 ICP-OES 和 SEM-EDS 结果，C_2F 粉末矿相浸出率较低（13%）且浸蚀表面呈现贫 Ca 富 Fe 的成分特点，可以认为铁多面体链结构在酸性溶液中没有发生分解或部分溶解。

图 6.12　C_2F 块状矿相在浓度为 0.1mol/L 的 HCl 溶液中室温浸出前后的
SEM 和 3DLM 图像

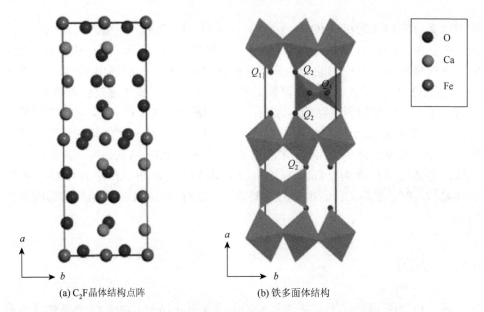

(a) C$_2$F晶体结构点阵　　　　　　　　　　(b) 铁多面体结构

图 6.13　C$_2$F 晶体结构点阵和铁多面体结构图（扫封底二维码可见彩图）

6.5　本 章 小 结

本章通过热力学计算和矿相浸出模拟实验，系统评估了钢渣中典型含 Ca 矿相（硅酸盐相、铝酸盐相、铁酸盐相和 RO 相）在酸性溶液中的浸出反应性。通过块状矿相浸出实验，探究了各矿相在酸性溶液中的相转变机制，并在原子尺度上建立了相浸出反应性与晶体结构的关系。本章所得主要结论如下。

（1）矿相在酸性溶液中的溶解为放热反应。根据热力学计算结果，对含 Ca 矿相在酸性溶液体系中的浸出反应性进行了划分：（C$_3$A、C$_3$S 和 C$_3$MS$_2$）＞（C$_3$S$_2$、C$_2$F、C$_2$MS$_2$、α-C$_2$S、γ-C$_2$S 和 CaO）＞（CMS$_2$、CA、CF、CS、FeO 和 Fe$_2$O$_3$）。

（2）根据浸出实验结果，含 Ca 矿相在酸性溶液体系中的浸出反应性如下：CaO＞硅酸盐（γ-C$_2$S、C$_3$MS$_2$ 和 C$_2$MS$_2$）和 C$_3$A 相＞铝酸盐（C$_{12}$A$_7$ 和 CA）和铁酸盐相（C$_2$F）。

（3）矿相的浸出反应性与其晶体结构有关。硅酸盐相经酸性溶液浸蚀后残留贫 Ca 富 Si 相和硅胶，铝酸盐相浸蚀后残留贫 Ca 富 Al 相和 Al(OH)$_3$，铁酸盐相（C$_2$F）浸蚀后表面残留贫 Ca 富 Fe 相。不同种类浸出产物相覆盖于未反应颗粒的表面，进一步阻碍矿相的溶解。

第7章 钢渣矿相设计与调控方法

由第 5 章研究可知，相较于 EAF 渣和 LF 渣，BOF 渣表现出较好的碳捕集潜力，但由于部分 Ca 赋存于反应惰性相 C_2F 相中，BOF 渣的 Ca 提取能力有限。此外，我国钢铁冶炼以长流程为主，BOF 渣排放量约占钢渣排放量的 70%。综合考虑钢渣的碳捕集能力和大宗钢渣资源化利用的紧迫性，本章将以 BOF 渣为研究对象，探讨面向碳捕集的矿相调控行为。结合第 6 章研究结果，设计兼顾 BOF 渣中 Ca 深度提取和各组元资源化回收的矿相调控工艺路线，探究熔渣成分特征-冷却制度-矿相结构-理化性质的关联本质，揭示高温熔渣成矿路线调控机理。

7.1 实 验 方 案

7.1.1 熔渣凝固结晶

本节借助 FactSage 8.2 热力学软件和高温熔渣凝固模拟实验，探讨 BOF 熔渣的凝固结晶行为及元素迁移规律，以指导矿相调控路线设计。

1. 热力学分析

基于表 5.1 中 BOF 渣的化学成分，开展 BOF 熔渣平衡凝固热力学分析。采用 FactSage 8.2 热力学软件中的平衡（Equilib）模块，选择 FToxid 和 FactPS 热力学数据库。由于缺少 β-C_2S 相的相关热力学数据，计算过程中不考虑 β-C_2S 相的形成。热力学计算的温度设定为 $400\sim1600℃$，压力设定为 1atm。

2. 高温熔渣凝固模拟实验

根据 BOF 渣化学成分特征，CaO、MgO、SiO_2、FeO、Al_2O_3 和 MnO 质量分数之和约为 96%。为了便于理论研究，采用分析纯试剂配制六元系 CaO-MgO-SiO_2-FeO-Al_2O_3-MnO 模拟渣，具体化学成分如表 7.1 所示。其中，FeO 用分析纯试剂草酸亚铁（$FeC_2O_4\cdot2H_2O$）代替。将配制好的渣样机械混合并压制成直径为 2cm 的圆饼状试样。所得试样置于 MgO 坩埚中，并在高温淬火炉中加热至 1600℃，保温 1h。图 7.1 为高温淬火炉结构示意图。为了尽可能使熔渣在冷却过程中接近平衡态，采用缓慢的冷却速率（1℃/min）使熔渣冷却。当熔渣温度达到 1600℃、1500℃、1400℃ 和 1300℃ 时立即采用冰水淬冷。

表 7.1　本实验所用 CaO-MgO-SiO₂-FeO-Al₂O₃-MnO 六元系渣化学成分

（以质量分数计，单位：%）

成分	含量	成分	含量
CaO	48.47	FeO	23.71
MgO	10.37	Al₂O₃	1.55
SiO₂	12.96	MnO	2.94

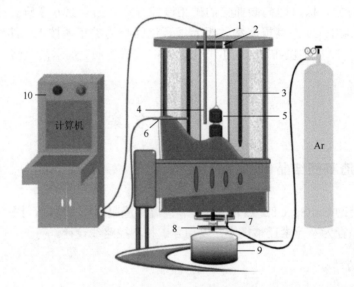

图 7.1　高温淬火炉结构示意图

1-钼丝；2-出气孔；3-发热体；4-热电偶 1；5-MgO 坩埚；6-热电偶 2；7-进气口；8-可移动法兰盘；9-冰水；10-控温系统

7.1.2　熔渣矿相调控

由第 5 章和第 6 章研究可知，BOF 渣适用于碳捕集的矿相调控目标如下：Ca 富集于（高）反应活性相（CaO、C₃S 和 C₂S）中，抑制 Ca 浸出反应惰性相的形成，并使 Fe 富集于磁性相中。

1. 成分调控模拟实验

表 7.2 为成分调控实验渣化学成分。其中，0#为未添加矿相调控剂的模拟原

渣，CaO 与 SiO_2 质量比（w_{CaO}/w_{SiO_2}）为 3.74。1#、2#和 3#提高了 SiO_2 含量，w_{CaO}/w_{SiO_2} 分别为 3、2.5 和 2。利用分析纯试剂配制实验渣样，具体的制样过程与 7.1.1 节相同。将所得渣样置于高温淬火炉中加热至 1600℃，保温 1h。随后以 3℃/min 的冷却速率降至 1300℃，保温 1h 后冰水淬冷。

表 7.2　成分调控实验渣化学成分

渣样	CaO 质量/g	MgO 质量/g	SiO_2 质量/g	Al_2O_3 质量/g	MnO 质量/g	FeO 质量/g	w_{CaO}/w_{SiO_2}
0#	48.47	10.37	12.96	1.55	2.94	23.71	3.74
1#	48.47	10.37	16.16	1.55	2.94	23.71	3
2#	48.47	10.37	19.39	1.55	2.94	23.71	2.5
3#	48.47	10.37	24.24	1.55	2.94	23.71	2

2. 冷却速率调控模拟实验

基于所得结果，进一步探究冷却制度（冷却速率和保温时间）对调控渣结晶行为的影响。图 7.2 为不同冷却制度下的矿相调控工艺路线。将渣样加热至 1600℃并保温 1h，分别对熔渣进行快速冷却和缓慢冷却。其中，1600℃熔渣迅速在冰水中淬冷为快速冷却。缓慢冷却包括 1600℃熔渣分别以 1℃/min、3℃/min 和 6℃/min 的冷却速率冷却到 1300℃后水淬。不同保温时间下的调控实验在较佳的冷却速率下进行，分别在 1300℃下保温 1h、3h 和 6h 后水淬。

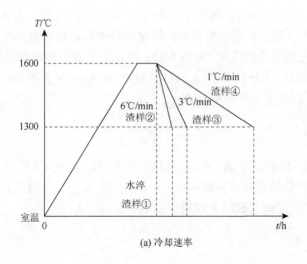

(a) 冷却速率

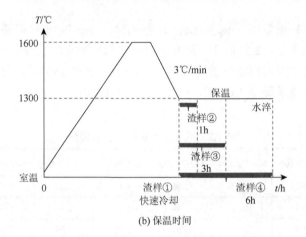

图 7.2　不同冷却制度下的矿相调控工艺路线

7.1.3　检测与表征

1. 矿相组成

所得淬冷渣样均在 110℃下烘干 5h。将一部分渣样研磨至小于 74μm，借助 XRD 检测渣样的矿相组成特征。XRD 检测角度为 10°～80°，扫描速度为 4°/min。另一部分渣样取块状进行镶样、打磨和抛光处理，借助 SEM-EDS 检测渣样的矿相分布与微观形貌。

2. 相分布与元素走向

对比分析 1300℃所得原渣和调控渣的矿相分布特点和元素走向差异。采用 RIR 法对其矿相含量进行半定量分析，计算渣样中各矿相质量分数。借助 EDS 分析多视场下矿相的氧化物成分，并取均值。根据质量守恒定律和线性最小二乘法，计算各组元（CaO、MgO、SiO$_2$、FeO、Al$_2$O$_3$ 和 MnO）在不同矿相中的分布率（D）。i 组元在 α_x 相中的分布率（$D_{(i,\alpha_x)}$）如下：

$$D_{(i,\alpha_x)} = \frac{w_{i,\alpha_x} M_{\alpha_x}}{\sum w_{i,\alpha_n} M_{\alpha_n}} \tag{7.1}$$

式中，i 为 CaO、MgO、SiO$_2$、FeO、Al$_2$O$_3$ 和 MnO；α 为含 i 矿相（$\alpha = \alpha_1, \alpha_2, \cdots, \alpha_x, \cdots, \alpha_n$），包括硅酸盐相、铁酸盐相和 RO 相等；$w_{i,\alpha_x}$ 为 i 组元在 α_x 相中的质量分数（%）；M_{α_x} 为 α_x 相在渣中的质量分数（%）。

3. 元素浸出率

对比不同条件下所得水淬渣样的 Ca 和 Mg 浸出率。具体的实验过程如下：将

1g 粉末渣样溶于体积为 250mL、浓度为 1mol/L 的 NH_4Cl 溶液中，室温浸出 1h。浸出过程中使用机械搅拌，搅拌速度为 300r/min。浸出结束后，将所得浆液抽滤，并得到滤液和浸出渣。将滤液移入 500mL 容量瓶。采用化学分析法和 ICP-OES 检测浸出液中的 Ca^{2+} 和 Mg^{2+} 浓度，并应用式（5.1）计算各渣样的元素浸出率。

4. 磁选率

由于冷态调控渣呈粉末状，98%的调控渣可通过 200 目筛，因此调控渣磁选之前未进行研磨处理。称量烘干好的调控渣样 0.5g（精确至 0.0001g），将其置于 50mL 的平底烧杯中，加入 20mL 去离子水，用圆柱形永久磁铁以（900±50）Oe（1Oe = 79.5775A/m）的磁场强度进行磁选（永久磁铁外面罩以封闭的玻璃管套）。将磁选渣用水冲洗到另一个 50mL 的小烧杯中，经过多次磁选直至无法获得磁选渣。对获得的磁选渣反复磁选，分离出其中的非磁性矿物。分别对磁选渣和磁选尾渣进行 110℃烘干并称重，应用式（7.2）计算磁选渣的质量分数，即磁选率：

$$S_{磁选} = \frac{m_磁}{m_0} \qquad (7.2)$$

式中，$S_{磁选}$ 为磁选率（%）；$m_磁$ 为磁选所得磁性物质量（g）；m_0 为调控渣质量（g）。

7.2　熔渣凝固结晶行为研究

7.2.1　热力学分析

图 7.3 为 BOF 渣在 400~1600℃下的平衡相组成。当温度为 1600℃时，CaO 和 MgO 存在于熔渣中；当温度为 1502℃时，C_3S 相存在于熔渣中；当温度为 1299℃时，C_3S 相不稳定并分解为 α-C_2S 和 CaO；当温度为 1047℃时，C_2F 和 MnO 存在于熔渣中。同时，在 1050℃附近，由于存在大量固体相，液态熔渣的含量急剧下降。由于 β-C_2S 热力学数据缺失，该信息未在图 7.3 中显示。γ-C_2S 和 C_2F 相是冷态 BOF 渣的主要矿相，其质量分数达到 67%。

根据热力学计算结果，图 7.4 总结了 BOF 渣在 400~1600℃下可能发生的主要化学反应。由平衡凝固热力学计算可知，CaO、C_3S 和 α-C_2S 相可在高温下存在（高于 1300℃），而 C_2F 相存在于 1047℃的熔渣中。因此，推测通过控制熔渣凝固冷却工艺可实现 BOF 渣中 Ca 浸出反应活性相的定向生成，并抑制反应惰性相（C_2F）的析出。

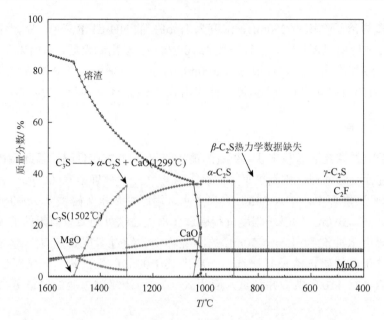

图 7.3　BOF 渣在 400～1600℃下的平衡相组成

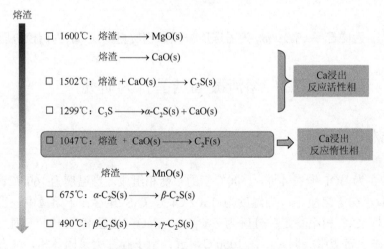

图 7.4　BOF 渣在 400～1600℃下可能发生的主要化学反应

7.2.2　实验研究

1. 矿相组成

图 7.5 为不同冷却温度下所得渣样的 XRD 图谱。表 7.3 列出了不同冷却温度下所得渣样的矿相组成。此外，C_3S、α-C_2S、C_2F 和 MgO 相存在于 1600℃水淬

渣中。但是，根据熔渣平衡热力学计算结果（图 7.3），只有 CaO 和 MgO 相可存在于 1600℃的熔渣中。推测 C_3S、$\alpha\text{-}C_2S$ 和 C_2F 相可能是熔渣在水淬过程中的快速析出相，表现为较快的结晶速率。另外，XRD 检测并未发现 CaO 相，可能是由于形成了 CF 相。

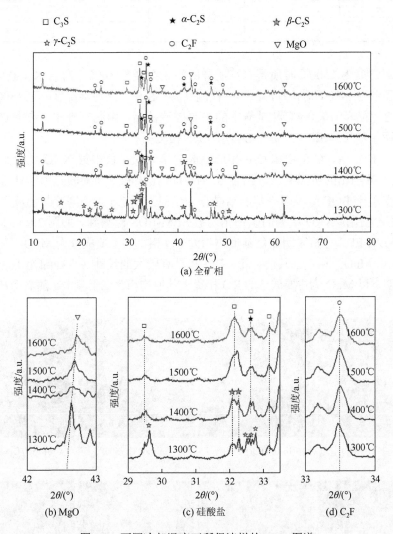

图 7.5 不同冷却温度下所得渣样的 XRD 图谱

表 7.3 不同冷却温度下所得渣样的矿相组成

矿相	1600℃	1500℃	1400℃	1300℃
MgO	√	√	√	√
C_3S	√	√	√	—

续表

矿相	1600℃	1500℃	1400℃	1300℃
α-C$_2$S	√	√	√	—
β-C$_2$S	—	—	√	√
γ-C$_2$S	—	—	—	√
C$_2$F	√	√	√	√

　　冷却温度为1500℃时所得水淬渣样的矿相组成与1600℃所得水淬渣样相同，当冷却温度为1400℃时，水淬渣样中检测到 β-C$_2$S 相，当冷却温度降至1300℃时，C$_3$S 相的特征峰消失，γ-C$_2$S 是渣中的主要硅酸盐相。由此可推测，渣中 C$_2$S 相在凝固过程中经历了 α-C$_2$S→β-C$_2$S→γ-C$_2$S 的相转变行为。

　　由于 C$_3$S 相、C$_2$S 相和 C$_2$F 相的结晶速率较快，仅根据 XRD 结果很难确定BOF 渣中各物相的析晶顺序。结合 SEM-EDS 结果和平衡凝固热力学计算，可以获得更多关于 BOF 渣凝固冷却的结晶行为信息。图 7.6 为不同冷却温度下所得渣样的 SEM 图像。XRD 检测的矿物相均被 SEM-EDS 检测到。如图 7.6（a）和（b）所示，SEM-EDS 分析表明黑色圆形物相为 RO 相，其主要成分为 MgO，并含有微量 FeO 和 MnO。相较于其他物相，RO 相具有较大的尺寸（直径约为 18μm），此结果表明，以 MgO 为主要成分的 RO 相优于其他物相存在于渣中。随着冷却温度的

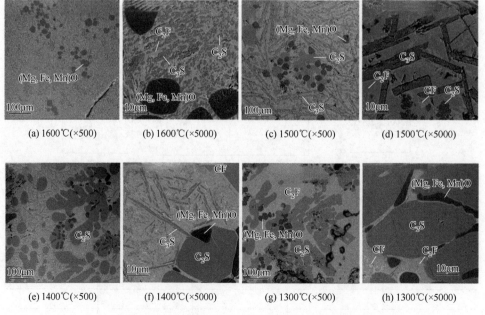

(a) 1600℃(×500)　　(b) 1600℃(×5000)　　(c) 1500℃(×500)　　(d) 1500℃(×5000)

(e) 1400℃(×500)　　(f) 1400℃(×5000)　　(g) 1300℃(×500)　　(h) 1300℃(×5000)

图 7.6　不同冷却温度下所得渣样的 SEM 图像

降低，RO 相通常被 C_2S 相包围，进一步表明 RO 相优先形成。此外，根据 XRD 结果 [图 7.5（b）]，随着冷却温度的降低，MgO 的特征峰位置发生了明显的偏移，这可以通过 EDS 解释为随着冷却过程的进行，其他几种元素（Fe 和 Mn）固溶在 MgO 相中导致了晶格畸变。

如图 7.6（a）和（b）所示，1600℃下所得渣中的 C_3S 和 α-C_2S 表现出明显的物相尺寸差异：SEM 视野下 C_3S 相的直径为 8～25μm，远大于 α-C_2S 相的直径（平均为 1.8μm）。结晶相尺寸取决于晶体暴露的温度和时间。因此，可以推测 C_3S 相较 α-C_2S 相具有更长的结晶生长时间，C_3S 相较 α-C_2S 相优先析出。综上，BOF 渣在凝固过程中各物相的析晶顺序与热力学分析基本相同：RO 相（成分以 MgO 为主）存在于 1600℃熔渣中，随着温度的降低，依次析出 C_3S 相和 α-C_2S 相，C_2F 相析出相对较晚。

2. 相形貌演变与成分组成

1）RO 相

通过 SEM 对不同冷却温度下所得水淬渣进行连续拍照，可以捕捉 BOF 渣中各矿相不同冷却温度下的形貌特征。图 7.7 为 BOF 渣中 RO 相在冷却过程中的形态演变。1600℃所得水淬渣样中的 RO 相（成分以 MgO 为主）近似圆形，平均直径为 18μm。当冷却温度降至 1500℃时，两个或多个圆形 RO 相长大并聚集在一

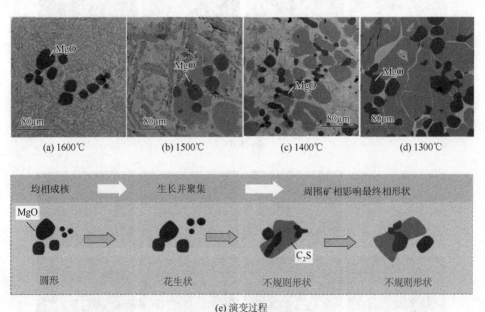

(a) 1600℃　　　(b) 1500℃　　　(c) 1400℃　　　(d) 1300℃

(e) 演变过程

图 7.7　BOF 渣中 RO 相在冷却过程中的形态演变

起形成花生状。RO 相的生长和聚集趋势随着冷却温度的降低而持续增加。RO 相的平均粒径由 18μm 增加到 47μm。当冷却温度降至 1300℃时，RO 相为不规则形状。

　　图 7.8 为不同冷却温度下所得水淬渣样的面扫描图。由图 7.8 可知，Fe 和 Mn 元素均匀分布于 RO 相中。随着冷却温度的降低，EDS 结果表明 RO 相中 Fe、Mn 和 Ca 的平均含量增加。这种现象的原因可能为 FeO 和 MnO 的结晶时间比 MgO 晚。此外，1300℃所得渣中 RO 相中 Ca 原子分数为 1.40%～2.32%，通过 SEM 图像分析可知，可能由于 C_2S 相中 Ca 向 RO 相的界面扩散所致。

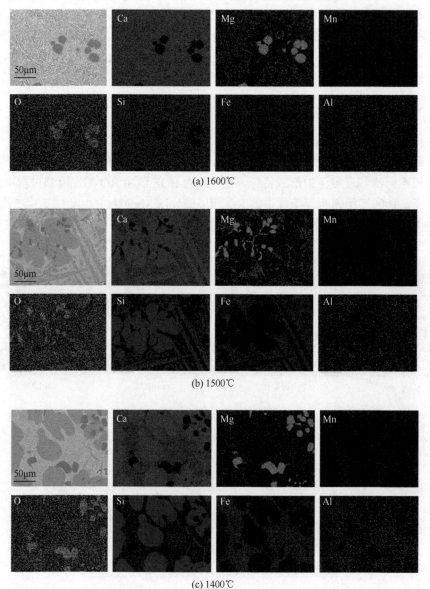

(a) 1600℃

(b) 1500℃

(c) 1400℃

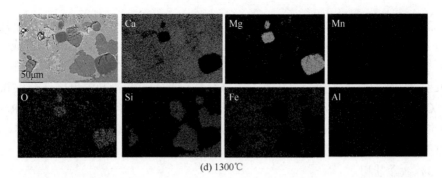

(d) 1300℃

图 7.8　不同冷却温度下所得水淬渣样的面扫描图（扫封底二维码可见彩图）

2）硅酸盐相

图 7.9 为 BOF 渣中硅酸盐相在冷却过程中的形貌演变。在 1600℃所得渣样中发现两种形貌的硅酸盐相：长条状和圆形。EDS 结果表明圆形硅酸盐相的主要成分为 Ca 和 Si，且 Ca 和 Si 原子比约为 2。结合 XRD 和 SEM-EDS 结果，该圆形硅酸盐相为 α-C_2S。同样地，EDS 结果表明长条状硅酸盐相为 C_3S，长条状是 C_3S 的典型形貌。无数个小粒径（约 1.8μm）的圆形 α-C_2S 均匀分布在 1600℃渣样中，推测其为高温下的均质成核。随着冷却温度降低至 1500℃，圆形 α-C_2S 逐

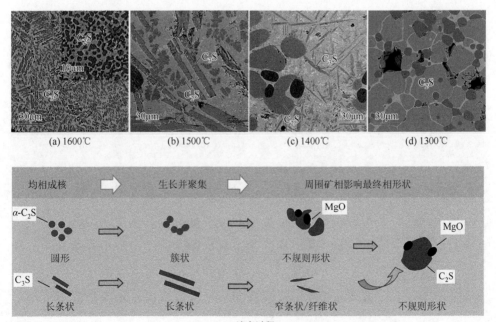

(a) 1600℃　　　　　(b) 1500℃　　　　　(c) 1400℃　　　　　(d) 1300℃

图 7.9　BOF 渣中硅酸盐相在冷却过程中的形貌演变

渐长大并聚合在一起，形成簇状结构。C_3S 相的长条状形貌更加清晰，且平均长度为 102μm。随着冷却温度继续降低至 1400℃，C_2S 相继续长大和聚集形成不规则的块状形貌，而 C_3S 相长条状轮廓模糊，平均长度由 102μm 减小为 47μm。结果表明，C_3S 相发生了相分解（$C_3S \longrightarrow C_2S + CaO$）。当冷却温度降低至 1300℃时，$C_3S$ 相完全消失，γ-C_2S 为主要硅酸盐相。此外，SEM-EDS 分析表明，RO 与 C_2S 相之间存在元素双向扩散，C_2S 中有微量 Mg（原子分数为 0.30%）固溶，RO 中有微量 Ca（原子分数为 1.69%）固溶。

3）铁酸盐相

图 7.10 为 BOF 渣中铁酸盐相在冷却过程中的形貌演变。C_2F 相呈无规则形状。EDS 结果表明，C_2F 相中含有少量 Al（原子分数为 2.26%）、Mn（原子分数为 1.27%）、Si（原子分数为 0.74%）和 Mg（原子分数为 0.02%）。当冷却温度降至 1500℃时，浅灰色晶体存在于 C_2F 中，或结合在其他相（RO 和 C_2S）表面。EDS 结果表明，Ca 与 Fe 的原子比约为 1:2，推测其为 CF 相。当冷却温度降至 1400℃和 1300℃时，CF 相包裹 RO 相和 C_2S 相，表明 CF 相的最终形貌可能受优先析出矿相的影响。这种矿相包裹效应同样存在于其他类型钢渣中，是限制钢渣中各元素深度提取的因素之一。另外，CF 相的尺寸明显低于同温度下其他矿相的尺寸，这可能是由于 CF 相析出较晚、没有充足的时间生长。

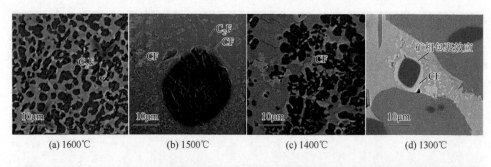

(a) 1600℃　　　　(b) 1500℃　　　　(c) 1400℃　　　　(d) 1300℃

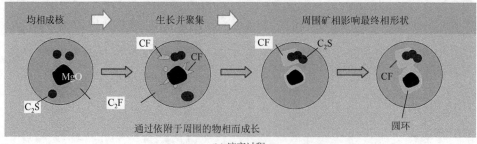

(e) 演变过程

图 7.10　BOF 渣中铁酸盐相在冷却过程中的形貌演变

综上，BOF 渣中 Ca 富集于 C_2S 相和 C_2F 相中，Fe 富集于 C_2F 相中，少量 Fe 以 FeO 形式固溶于 RO 相中。C_2F 相表现为无/弱磁性，难以通过磁选回收 Fe 资源。由第 6 章研究可知，C_2F 相为 Ca 浸出反应惰性相，且形成 CF 相的包裹效应会影响 Ca 的深度提取。因此，推测渣中 C_2F 相是限制 Ca 深度提取和 Fe 资源磁选回收的关键矿相。

7.3　高温熔渣成矿调控实验研究

7.3.1　矿相调控剂选择

由 BOF 渣的化学成分（表 5.1）及渣凝固过程中发生的主要反应（图 7.4）可知，1400℃左右熔渣中 CaO 的主要来源如下：①BOF 渣较高含量的 CaO；②C_3S 相在凝固过程中的分解（$C_3S \longrightarrow \alpha\text{-}C_2S + CaO$）。熔渣中 CaO 易与渣中酸性氧化物 Fe_2O_3 反应生成 C_2F 相。选择合适的矿相调控剂去抑制 CaO 和 Fe_2O_3 的结合是调控关键。

矿相调控剂的选择应基于以下两个原则：①成本低，不引入 BOF 渣以外的化学成分；②相较于 Fe_2O_3，应具有与 CaO 更强的结合能力。由于 CaO、FeO、SiO_2 和 MgO 质量分数之和约为 91%，以下热力学研究均以 $CaO\text{-}FeO\text{-}SiO_2\text{-}MgO$ 四元体系为基础。

图 7.11 为不同 MgO、FeO 和 SiO_2 含量下（其他三个组元的物质的量之比不变）的 $CaO\text{-}FeO\text{-}SiO_2\text{-}MgO$ 系相图。由图 7.11（a）和（b）可知，改变渣中 MgO 和 FeO 的相对含量，不影响 Ca 的矿相赋存方式。随着 FeO 相对含量的增加，Fe 的主要赋存方式由 C_2F 转变为 C_2F 和铁氧化物。但是，如图 7.11（c）所示，增加渣中 SiO_2 的相对含量，Ca 的硅酸盐相由 C_2S 转变为钙镁硅酸盐相（C_2MS_2 和 C_3MS_2）。Fe 的赋存矿相由 C_2F 改变为铁氧化物（Fe_2O_3 和 Fe_3O_4）。当熔渣中 w_{SiO_2} /（$w_{CaO} + w_{MgO} + w_{FeO} + w_{SiO_2}$）>0.25 时，熔渣中无 C_2F 相存在。因此，SiO_2 可能是 BOF 渣潜在的矿相调控剂。

图 7.12 为 CaO 与渣中不同酸性氧化物在 1000～1600℃反应的 $\Delta G^{\ominus}$。相较于 CaO 与 Fe_2O_3 和 Al_2O_3 生成铁酸盐和铝酸盐，CaO 与 SiO_2 反应生成 C_2S 和 C_3S 的 $\Delta G^{\ominus}$ 更低。由此可推测，SiO_2 与 CaO 的结合能力比 Fe_2O_3 和 Al_2O_3 更高。

为进一步确定 SiO_2 的适宜含量，作者利用 FactSage 8.2 热力学软件计算不同 w_{CaO} / w_{SiO_2} 条件下的 $FeO\text{-}CaO\text{-}SiO_2$ 系相图（1400℃、1atm），如图 7.13 所示。当熔渣中 w_{CaO} / $w_{SiO_2} = 2$ 时，FeO 含量在所研究的气氛条件下均不能形成 C_2F 相。Fe 以 Fe_2O_3、Fe_3O_4 或 RO 相形式稳定存在，Ca 以 C_2S 相形式稳定存在。另外，当渣中 w_{CaO} / w_{SiO_2} 增大时，C_2F 相在 1400℃下具有热力学存在优势。

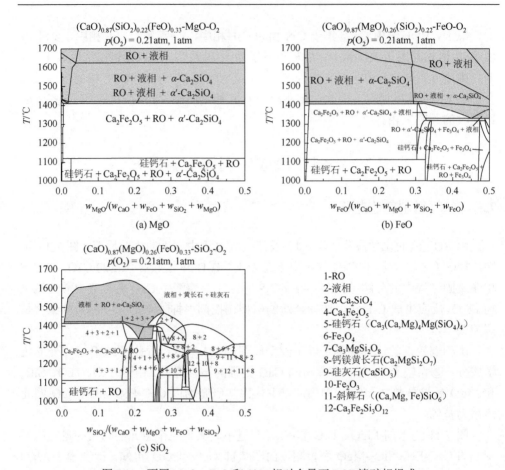

图 7.11　不同 MgO、FeO 和 SiO$_2$ 相对含量下 BOF 渣矿相组成

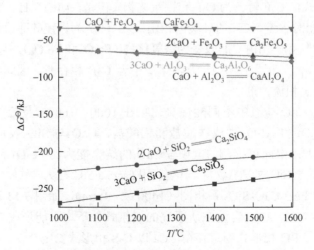

图 7.12　CaO 与渣中不同酸性氧化物在 1000~1600℃反应的 $\Delta G^{\ominus}$

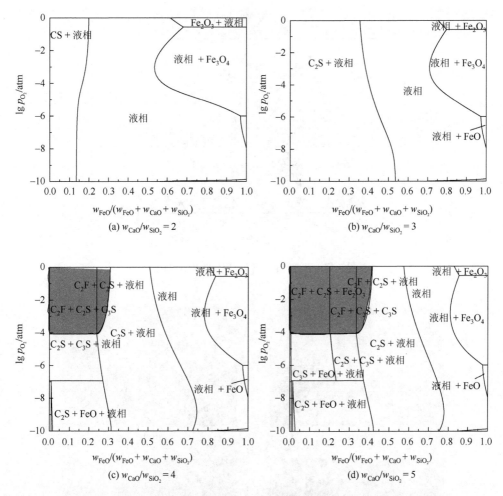

图 7.13 不同 w_{CaO}/w_{SiO_2} 条件下的 FeO-CaO-SiO$_2$ 系相图（1400℃、1atm）

综上，通过对 BOF 渣中硅酸盐相和铁酸盐相稳定存在的优势区域计算，并结合不同 w_{CaO}/w_{SiO_2} 条件下的 FeO-CaO-SiO$_2$ 系相图（1400℃、1atm），可初步确定 BOF 渣的矿相调控基本路线如下：选择 SiO$_2$ 为矿相调控剂，控制渣中 $w_{CaO}/w_{SiO_2} \approx 2$。

7.3.2 熔渣成分调控

图 7.14 为不同 SiO$_2$ 含量渣样的 XRD 图谱。图 7.15 为不同 SiO$_2$ 含量渣样的 SEM 图像。

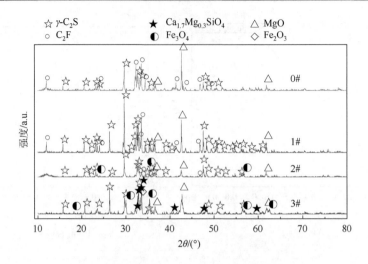

图 7.14　不同 SiO_2 含量渣样的 XRD 图谱

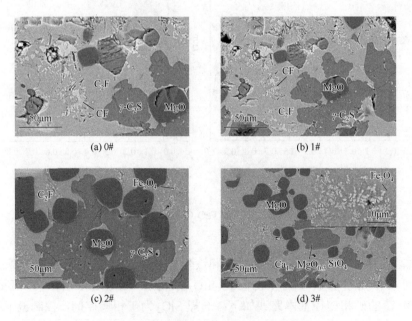

(a) 0#　　　　　　　　　(b) 1#

(c) 2#　　　　　　　　　(d) 3#

图 7.15　不同 SiO_2 含量渣样的 SEM 图像

由图 7.14 可知，未添加 SiO_2 调控剂（0#）时，BOF 渣中 Ca 的赋存矿相为 γ-C_2S 和 C_2F，Fe 的主要赋存矿相为 C_2F，Mg 主要以 RO 相（$MgO\cdot FeO\cdot MnO$）存在。

当向渣中添加 SiO_2 调控剂，使得渣中 $w_{CaO}/w_{SiO_2}=3$（1#）时，渣中各矿相特征峰的峰位不变，但相对强度发生变化，表明此时 SiO_2 含量不足以改变熔渣的矿相组成，但改变了渣中各矿相的相对含量。由图 7.15（b）可知，此时 SiO_2 含量对渣中各矿相的形貌影响不显著。

随着 SiO_2 含量的继续增加（$w_{CaO} / w_{SiO_2} = 2.5$，2#），XRD 图谱出现 Fe_3O_4 相的特征峰。SEM 观察 Fe_3O_4 相为白色颗粒（平均粒径为 1μm），且分布于基体相中［图 7.15（c）］。EDS 分析结果表明，该矿相主要组成元素为 Fe、Mg、Mn、Al 和 O，推测该矿相应为以 Fe_3O_4 为主要成分的多元化合物（$Fe_3O_4·MgO·MnO$）。因此，综合分析 XRD 和 SEM-EDS 结果，当添加 SiO_2 调控剂使得熔渣 $w_{CaO} / w_{SiO_2} = 2.5$ 时，渣中 Fe 的主要赋存矿相由 C_2F 变为 $Fe_3O_4·MgO·MnO$，有利于 Fe 资源的磁选回收。但是，此 SiO_2 含量条件下，仍有部分 Ca 赋存于 C_2F 相中。

当继续增加渣中 SiO_2 含量，使得熔渣 $w_{CaO} / w_{SiO_2} = 2$（3#）时，C_2F 相的特征峰消失，Fe_3O_4 相的特征峰强度增大，SEM-EDS 表明 Fe 主要以 $Fe_3O_4·MgO·MnO$ 相的形式存在。该结果与 7.3.1 节的热力学分析相符。γ-C_2S 相的特征峰峰位发生偏移，XRD 检测其特征峰的相应矿相为 $Ca_{1.7}Mg_{0.3}SiO_4$。SEM-EDS 结果进一步表明大量 Mg（原子分数为 4.3%）、少量 Fe（原子分数为 1.97%）和 Al（原子分数为 0.77%）进入 γ-C_2S 相中。因为 Mg—O 键的键能远大于 Ca—O 键的键能，所以这种现象不利于 $Ca_{1.7}Mg_{0.3}SiO_4$ 相的溶解。综上，表 7.4 总结了不同 SiO_2 含量下所得渣样的矿相组成及其变化。

表 7.4　不同 SiO_2 含量下所得渣样的矿相组成及其变化

渣样	w_{CaO} / w_{SiO_2}	钢渣矿相			矿相变化
		富钙相	富铁相	富镁相	
0#	3.74	γ-C_2S，C_2F	C_2F	MgO	—
1#	3	γ-C_2S，C_2F	C_2F	MgO	矿相种类不变，相对含量变化
2#	2.5	γ-C_2S，C_2F	C_2F，Fe_3O_4	MgO	Fe 赋存方式改变： $C_2F \longrightarrow Fe_3O_4·MgO·MnO$
3#	2	γ-C_2S， $Ca_{1.7}Mg_{0.3}SiO_4$	Fe_3O_4	MgO， $Ca_{1.7}Mg_{0.3}SiO_4$	C_2F 相消失， 钙镁硅酸盐相形成

图 7.16 为不同 SiO_2 含量渣样中各矿相的质量分数。由图 7.16 可知，随着 SiO_2 含量的增加（0#、1#和 2#），渣中 γ-C_2S 相质量分数从 32%增加到 69%，C_2F 相质量分数从 52%降低到 13%。当继续添加 SiO_2 使得熔渣 w_{CaO} / w_{SiO_2} 为 2（3#）时，C_2F 相消失，Fe_3O_4 为 Fe 的主要赋存矿相。随着 SiO_2 含量的增加，MgO 相质量分数从 16%降低到 6%。原因可能是熔渣碱度降低，MgO 稳定性降低，部分 MgO 参与硅酸盐相的形成。

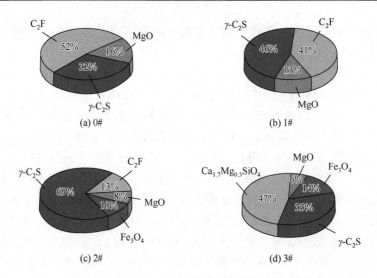

(a) 0#　　　　(b) 1#

(c) 2#　　　　(d) 3#

图 7.16　不同 SiO_2 含量渣样中各矿相质量分数

　　图 7.17 展示了 BOF 原渣与各调控渣在浓度为 1mol/L 的 NH_4Cl 溶液中室温浸出 1h 所得浸出液中 Ca^{2+} 和 Mg^{2+} 的浓度及其浸出率。由图 7.17 可知，原渣中 Ca 浸出率小于 60%，随着渣中 SiO_2 含量的增加，调控渣中 Ca 浸出率先增加后降低。当渣中 $w_{CaO}/w_{SiO_2}=2.5$ 时，其 Ca 浸出率相对较高（67%）。当渣中 SiO_2 含量继续增加（$w_{CaO}/w_{SiO_2}=2$）时，Ca 浸出率降低到 60%。这是由于渣中的 MgO 部分替换了 γ-C_2S 中的 CaO 形成了 $Ca_{1.7}Mg_{0.3}SiO_4$ 相，不利于渣中 Ca 的提取。另外，$Ca_{1.7}Mg_{0.3}SiO_4$ 相的溶解导致浸出液中 Mg^{2+} 浓度的增加。因此，就 BOF 渣 Ca 提取率而言，添加 SiO_2 使得熔渣 $w_{CaO}/w_{SiO_2}=2.5$ 较为适宜。

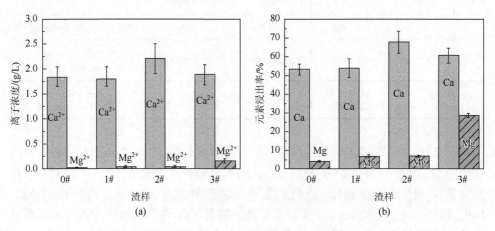

(a)　　　　　　　　(b)

图 7.17　不同 SiO_2 含量渣样在浓度为 1mol/L 的 NH_4Cl 溶液中室温浸出所得浸出液中 Ca^{2+} 和 Mg^{2+} 浓度及其浸出率

图 7.18 为 BOF 原渣和调控渣的磁选结果。原渣和添加少量 SiO_2 的调控渣 （$w_{CaO} / w_{SiO_2} = 3$，1#）中并未回收到磁选渣。随着 SiO_2 含量的增加，调控渣的磁选回收效率增加，磁选渣的质量分数分别为 40% 和 50%，这归因于 Fe 的赋存方式由 C_2F 相向 $Fe_3O_4 \cdot MgO \cdot MnO$ 相转变。因此，综合分析调控渣的 Ca 提取能力和 Fe 回收能力，添加 SiO_2 使得熔渣 $w_{CaO} / w_{SiO_2} = 2.5$ 较为适宜。

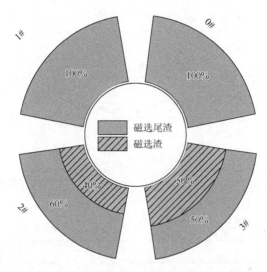

图 7.18　不同 SiO_2 含量渣样中磁选渣和磁选尾渣的质量分数

7.3.3　冷却制度调控

本节在 2# 调控渣成分组成的基础上，通过调节熔渣凝固过程中的冷却制度（冷却速率和保温时间），促进 C_2S 相的成核与长大，并抑制 C_2F 相的生长，以进一步提高调控渣的 Ca 提取能力和磁选性能。

1. 冷却速率

图 7.19 为 2# 渣样在不同冷却速率下的 XRD 图谱。由图 7.19 可知，快速冷却和缓慢冷却（1℃/min、3℃/min 和 6℃/min）对渣的矿相组成影响不大，包括 C_2F 相、MgO 相和 Fe_3O_4 相。但是，熔渣从 1600℃ 快速冷却可以使亚稳相（β-C_2S 相）存在于渣中，缓慢冷却时 Ca 以 γ-C_2S 相存在。此外，1600℃ 快速冷却所得矿相衍射峰的强度低于缓慢冷却，表明快速冷却使渣中各矿相的结晶度较差。另外，1600℃ 快速冷却所得渣中各矿相衍射峰的峰宽大于缓慢冷却下所得渣中各矿相衍射峰的峰宽。SEM 检测表明，1600℃ 快速冷却所得渣样中各矿相粒径为 1~18μm，

远小于缓慢冷却所得渣样中各矿相粒径（图 7.20）。因此，较慢的冷却速率使各矿相有更长的时间生长，尤其对早先结晶的矿相影响显著，如 C_2S 相。此外，在缓慢冷却（1℃/min、3℃/min 和 6℃/min）条件下，渣的矿相组成不受影响。但渣中各矿相衍射峰的相对强度发生变化：γ-C_2S 相的特征峰强度随着冷却速率的降低而升高，表明较慢的冷却速率有助于 γ-C_2S 相良好的结晶。

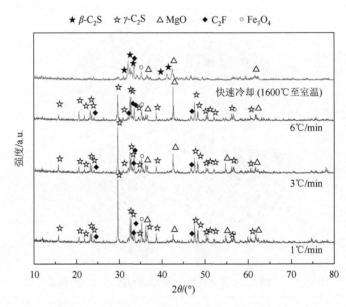

图 7.19　2#渣样在不同冷却速率下的 XRD 图谱

　　图 7.20 为 2#渣样在不同冷却速率下的 SEM 图像。SEM-EDS 分析表明，冷却速率影响渣样中各矿相的粒径和成分组成。在快速冷却渣中，RO 相以 MgO 为主，含有少量 Fe（原子分数为 2.56%）和 Mn（原子分数为 0.98%），而在缓慢冷却（1℃/min）渣中，更多的 Fe（原子分数为 6.82%）和 Mn（原子分数为 1.25%），以及少量 Ca（原子分数为 0.92%）进入 MgO 相。这种现象的产生原因可能为 FeO 和 MnO 在快速冷却条件下不能及时结晶并参与 MgO 的固溶。类似现象也发生在其他种类的矿相中：当渣在 1600℃快速冷却时，C_2S 相中含有少量 Mg（原子分数为 1%）；在缓慢冷却条件下，C_2S 相中的 Mg 原子分数为 1.48%～4.85%。但是这种现象并未被 XRD 检测到，可能是由于各元素固溶量较少。

　　对不同冷却速率下所得渣样进行 Ca 提取能力和磁选回收能力评估。如图 7.21 所示，改变冷却速率对渣的 Ca 提取能力无明显作用。快速冷却所得渣样的磁选渣质量分数为 30%，低于缓慢冷却（1℃/min、3℃/min 和 6℃/min）所得渣样的磁选渣质量分数（45%～51%）。

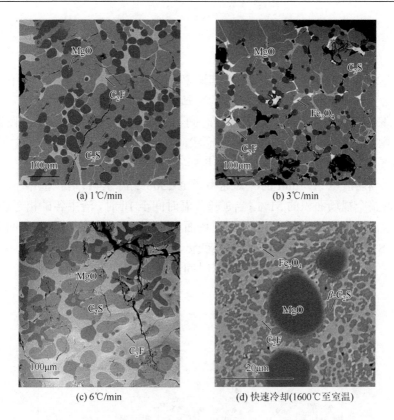

(a) 1℃/min

(b) 3℃/min

(c) 6℃/min

(d) 快速冷却(1600℃至室温)

图 7.20　2#渣样在不同冷却速率下的 SEM 图像

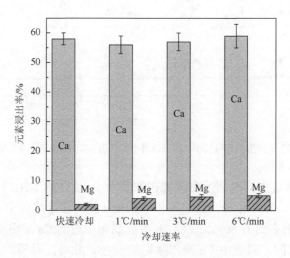

图 7.21　不同冷却速率下 2#渣样在浓度为 1mol/L 的 NH₄Cl 溶液中的 Ca 和 Mg 浸出率

2. 保温时间

图7.22为2#渣样以3℃/min的冷却速率冷却至1300℃并保温不同时间的XRD图谱。图7.23为2#渣样以3℃/min的冷却速率冷却至1300℃并保温不同时间的SEM图像。由图7.22可知，延长保温时间不改变渣样矿相组成。SEM图像表明，不同保温时间下的 γ-C₂S 相为不规则形状，其粒径统计存在困难。因此，以单个SEM视场内（536μm×536μm）γ-C₂S 相所占视场面积的百分比表征 γ-C₂S 相的生长趋势。当熔渣以3℃/min的冷却速率降至1300℃立即淬冷时，渣中γ-C₂S 相的总面积占整个视场面积的51%。当延长保温时间至1h时，渣中各矿相有长大的趋势，其中，γ-C₂S 相的总面积占整个视场面积的75%。继续延长保温时间至3h和6h，γ-C₂S 相的总生长区域面积无明显变化。因此，熔渣在1300℃保温1h已足够 γ-C₂S 相的生长与聚合，继续延长保温时间无明显意义。

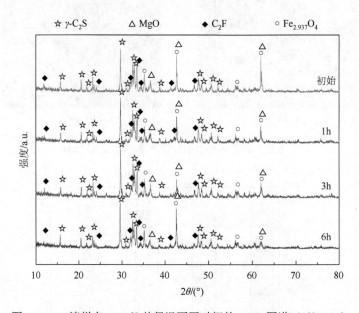

图 7.22　2#渣样在 1300℃并保温不同时间的 XRD 图谱（3℃/min）

图7.24为保温不同时间所得渣样在浓度为1mol/L的NH₄Cl溶液中的Ca和Mg浸出率。由图7.24可知，当熔渣以3℃/min的冷却速率降至1300℃立即淬冷时，渣的Ca浸出率约为60%，保温1h可提高调控渣的Ca浸出率为67%。但是，继续延长保温时间，对渣中Ca浸出率影响较小。此外，对不同保温时间下所得渣样进行磁选回收，结果表明渣在1300℃保温1h时，可回收大约45%的磁选渣，继续延长保温时间，对渣的磁选回收影响不显著。

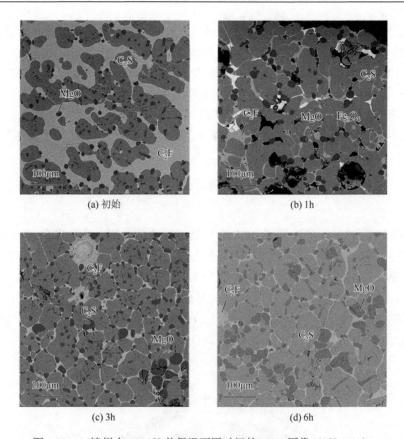

图 7.23　2#渣样在 1300℃并保温不同时间的 SEM 图像（3℃/min）

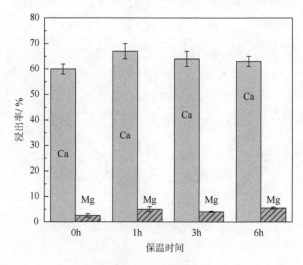

图 7.24　2#渣样在 1300℃下保温不同时间所得渣样在浓度为 1mol/L 的 NH$_4$Cl 溶液中
的 Ca 和 Mg 浸出率

综上所述，BOF 渣面向碳捕集应用与 Fe 资源回收的矿相调控路线如下：选择 SiO_2 为矿相调控剂，调整熔渣中 w_{CaO} / w_{SiO_2} 约为 2.5，通过缓慢冷却（1℃/min、3℃/min 和 6℃/min）降至 1300℃并保温 1h。所得调控渣的 Ca 浸出率为 67%，高于 BOF 原渣 14 个百分点，磁选可得到 40%～45%的磁选渣。

考虑降低成本，兼顾消纳大宗工业固体废弃物，BOF 渣的矿相调控剂可采用采矿和冶金等行业产生的煤矸石、粉煤灰、矿渣等高 SiO_2 含量的固体废弃物。

7.4　SiO_2 调控机理

图 7.25 为 1300℃淬冷所得 BOF 渣和 2#调控渣的矿相分布和各组元质量走向。由图 7.25 可知，BOF 渣中 62%的 CaO 参与 γ-C_2S 相的形成，37%的 CaO 参与 C_2F 相的结晶，少量的 CaO（1%）固溶到 RO 相中。SiO_2 矿相调控剂的添加（w_{CaO} / w_{SiO_2} = 2.5）使得更多 CaO（87%）参与形成 γ-C_2S 相，11%的 CaO 参与 C_2F 相的结晶。但是，由于渣碱度降低，更多 MgO（9%）固溶进入 γ-C_2S 相中。这也是随着 SiO_2 含量增加，渣中 RO 相（MgO·FeO·MnO）含量降低的原因。

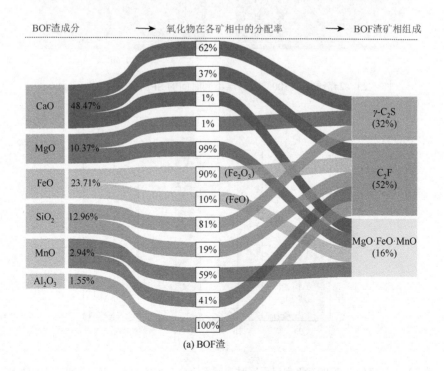

(a) BOF渣

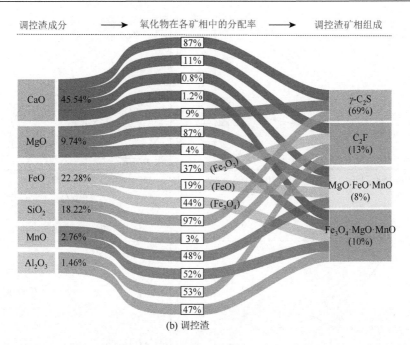

图 7.25　不同组元在 BOF 渣和 2#调控渣的矿相分布和各组元质量走向（3℃/min 冷却到 1300℃ 并保温 1h，以质量分数计）

　　BOF 渣中 90%的 FeO 被氧化为 Fe_2O_3，并与 CaO 反应生成 C_2F 相。添加 SiO_2 矿相调控剂（$w_{CaO}/w_{SiO_2}=2.5$）后，37%的 FeO 参与形成 C_2F 相，44%的 FeO 被氧化并参与 $Fe_3O_4 \cdot MgO \cdot MnO$ 形成。因此，SiO_2 的加入改变了 BOF 渣中各元素迁移路径和赋存状态。

　　添加 SiO_2 调控剂具有双重作用：一方面，添加 SiO_2 使得 BOF 渣中各组元成分发生变化；另一方面，作为 BOF 渣的主要成分之一，添加 SiO_2 可引起熔渣碱度变化，进而影响 BOF 渣的矿相组成及其性质。为了更好地理解 SiO_2 对渣结晶行为的影响，对不同 SiO_2 含量的熔渣在 900~1600℃进行相平衡组成热力学计算，结果如图 7.26 所示。

　　如图 7.26（a）所示，C_3S 相存在于 1500℃熔渣中（0#），添加 SiO_2 使得 $w_{CaO}/w_{SiO_2}=3$（1#），C_3S 相优势存在，但其开始形成温度升高为 1538℃。随着 SiO_2 含量继续增加（$w_{CaO}/w_{SiO_2}=2.5$，2#），硅酸盐相的优势成分区域向 C_2S 相移动，C_3S 相不能稳定存在。当熔渣 SiO_2 含量继续增加（$w_{CaO}/w_{SiO_2}=2$，3#）时，由于部分 CaO 固溶到 RO 相等其他矿相中，不足以与渣中 SiO_2 反应，多余的 SiO_2 或 $[SiO_4]^{4-}$ 将与 Ca^{2+} 或 Mg^{2+} 结合生成复杂的钙镁硅酸盐矿相$(Ca, Mg)_2SiO_4$。与此同时，以 MgO 为主要成分的 RO 相含量降低。不同成分组成熔渣的相平衡热力学分析结果与实验所得结果相似，随着 SiO_2 含量增加，$\gamma\text{-}C_2S$ 相含量先增加后降低，当

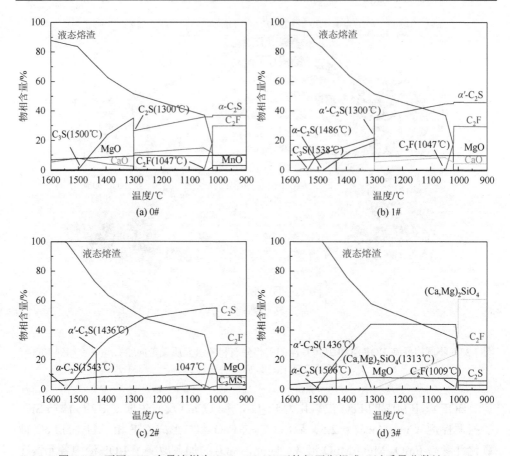

图 7.26　不同 SiO_2 含量渣样在 900～1600℃下的相平衡组成（以质量分数计）

熔渣 $w_{CaO} / w_{SiO_2} = 2$ 时，$(Ca, Mg)_2SiO_4$ 为主要硅酸盐相。但是，C_2F 相存在于不同 SiO_2 含量的熔渣平衡凝固热力学计算中，这与实际凝固实验 XRD 结果不同，表明平衡态凝固结晶不能完全表征渣的实际冷却过程。

　　因此，结合热力学分析与 XRD 结果，SiO_2 调控剂对熔渣矿相组成的影响可以分为以下情况。

　　（1）当熔渣中 $w_{CaO} / w_{SiO_2} \geqslant 3$ 时，CaO 与 SiO_2 生成 C_3S 相 [式（7.3）]。此时，熔渣中 CaO 含量超过 C_3S 相化学剂量中 SiO_2 所需量，多余的 CaO 将与 Fe_2O_3 反应生成低熔点铁酸钙相 [式（7.4）～式（7.8）]。

$$CaO + 3SiO_2 \longrightarrow Ca_3SiO_5 \tag{7.3}$$

$$Ca_3SiO_5 \longrightarrow CaO + Ca_2SiO_4 \tag{7.4}$$

$$FeO + O_2 \longrightarrow Fe_3O_4 \tag{7.5}$$

$$Fe_3O_4 + O_2 \longrightarrow Fe_2O_3 \tag{7.6}$$

$$CaO + Fe_2O_3 \longrightarrow Ca_2Fe_2O_5 \qquad (7.7)$$

$$CaO + Fe_2O_3 \longrightarrow CaFe_2O_4 \qquad (7.8)$$

（2）当熔渣中 $2 < w_{CaO}/w_{SiO_2} < 3$ 时，熔渣中硅酸钙相的稳定成分区域由 C_3S 相向 C_2S 相移动。此时，式（7.9）为主要硅酸钙相的生成反应，多余的 CaO 将与 Fe_2O_3 继续反应生成低熔点铁酸钙相 [式（7.5）~式（7.8）]。

$$CaO + SiO_2 \longrightarrow Ca_2SiO_4 \qquad (7.9)$$

（3）当熔渣中 $w_{CaO}/w_{SiO_2} \leq 2$ 时，熔渣中 SiO_2 过量，多余的 SiO_2 将与 CaO 和 MgO 结合生成复杂的钙镁硅酸盐相 [式（7.10）]，剩余的 MgO 和 MnO 碱性氧化物固溶于酸性 Fe_3O_4 相中 [式（7.11）]。

$$xCaO + yMgO + [(x+y)/2]SiO_2 \longrightarrow Ca_xMg_ySi_{(x+y)/2}O_{(x+y)} \qquad (7.10)$$

$$Fe_3O_4 + MgO + MnO \longrightarrow Fe_3O_4 \cdot MgO \cdot MnO \qquad (7.11)$$

7.5　本　章　小　结

本章结合熔渣平衡凝固热力学计算和高温熔渣凝固结晶模拟实验，解析了 BOF 熔渣凝固结晶行为和矿相微观结构变化。通过绘制并分析多元相图，提出了 BOF 渣矿相调控方法。通过高温熔渣矿相调控模拟实验，进一步确定了针对 BOF 渣 Ca 深度提取与 Fe 资源回收的矿相调控工艺路线，探究了矿相调控剂的作用机理。本章所得主要结论如下。

（1）明确了 BOF 渣在凝固过程中的结晶行为。RO 相（$MgO \cdot FeO \cdot MnO$）可存在于 1600℃ 熔渣中，随温度降低，C_3S 相和 α-C_2S 相结晶析出，C_2F 相形成理论温度较低。BOF 渣结晶速率较快，仅通过控制熔渣冷却工艺很难实现 BOF 渣的矿相调控。

（2）BOF 渣中各矿相的成分和形貌随着凝固过程动态变化。RO 和 α-C_2S 相呈圆形，C_3S 相呈长条状，C_2F 相呈无规则形状。随着矿相生长和聚集，形状逐渐发生变化并趋于不规则形状。

（3）提出了兼顾 Ca 深度提取与 Fe 资源回收的矿相调控工艺路线：以 SiO_2 为矿相调控剂，w_{CaO}/w_{SiO_2} 控制在 2.5 左右，缓慢冷却（1~6℃/min）至 1300℃，保温 1h。该工艺条件下，调控渣磁选率提高，浓度为 1mol/L 的 NH_4Cl 溶液中的 Ca 浸出率为 67%，相较于原渣提高 14 个百分点。

（4）SiO_2 的加入改变了 BOF 渣元素迁移路径和赋存状态。经 SiO_2 调控，γ-C_2S 相质量分数由 32% 增加至 69%，C_2F 相质量分数由 52% 降低至 13%。Fe 的主要赋存状态由 C_2F 相转变为 $Fe_3O_4 \cdot MgO \cdot MnO$ 相，有利于磁选回收效率提升。

第8章　调质钢渣的浸出行为

湿法提取钢渣中的元素，是实现钢渣资源回收和利用的主要途径之一，也是钢渣碳捕集工艺的第一个环节。本章以第7章所得调质钢渣为研究对象，探讨钢渣在 CH_3COOH 溶液和 NH_4Cl 溶液中的元素提取行为，评估调质钢渣的元素浸出特性。另外，探究关键浸出参数（溶液浓度和液-固比等）对调质钢渣的 Ca 选择性提取的影响，提出有利于调质钢渣间接碳捕集的浸出条件。

8.1　实　验　方　案

8.1.1　原料表征

表 8.1 列出了调质钢渣的化学成分。如表 8.1 所示，调质钢渣中具有较高含量的 CaO（质量分数为 45.54%），较高含量的碱土金属意味着调质钢渣具有潜在的碳捕集能力。

表 8.1　调质钢渣的化学成分（以质量分数计，单位：%）

成分	含量	成分	含量
CaO	45.54	Al_2O_3	1.46
MgO	9.74	MnO	2.76
SiO_2	18.22	FeO	22.28

8.1.2　浸出实验

为了评估调质钢渣碳捕集潜力，本节进行调质钢渣在 CH_3COOH 溶液和 NH_4Cl 溶液中的浸出实验，探究调质钢渣的 Ca、Mg 等元素在酸性溶液中的离子释放行为。

调质钢渣在酸性溶液中的浸出实验装置如图 8.1 所示。室温下，配制浓度为 1mol/L 的 CH_3COOH 溶液和 NH_4Cl 溶液，调质钢渣与酸性溶液的固-液比为

0.8g：100mL[171, 172]，室温浸出 1h。采用机械搅拌，搅拌速率为 300r/min。浸出结束后，对所得浆液进行抽滤，得到滤液和浸出渣。将滤液全部移入 250mL 的容量瓶，应用化学滴定分析和 ICP-OES 方法进行离子浓度检测。实验所用设备如表 8.2 所示。

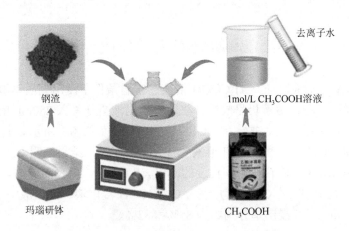

去离子水

钢渣

1mol/L CH₃COOH溶液

玛瑙研钵

CH₃COOH

图 8.1　调质钢渣在酸性溶液中的浸出实验装置

表 8.2　实验所用设备

设备名称	型号	生产商
电子天平	JA203H	常州市幸运电子设备有限公司
pH 计	PHSJ-4A	上海仪电科学仪器股份有限公司
机械搅拌器	HJ-4B	常州澳华仪器有限公司
真空抽滤泵	SHZ-D（Ⅲ）	上海秋佐科学仪器有限公司
ICP-OES 仪	Optima 8300DV	珀金埃尔默企业管理（上海）有限公司

8.1.3　关键参数

对比 CH_3COOH 溶液和 NH_4Cl 溶液处理调质钢渣所得浸出液的离子组成特性，NH_4Cl 溶液具有较高的调质钢渣选择性浸出特性。因此，在钢渣间接碳捕集工艺中，为得到较为纯净的 $CaCO_3$ 产品，选择 NH_4Cl 溶液作为调质钢渣浸出剂具有一定优势。本节重点开展 NH_4Cl 溶液浓度（0.1mol/L、0.5mol/L、1mol/L 和 1.5mol/L）和液-固比（10mL/g、20mL/g、50mL/g、100mL/g、200mL/g 和 1000mL/g）对调质钢渣 Ca 提取行为影响的实验。将 0.5g 渣样倒入体积为 50mL 的 NH_4Cl 溶液中，室温浸出 1h。浸出过程中采用机械搅拌，搅拌速率为 300r/min，实时监测溶液的 pH 变化。待浸出反应结束后，将浆液抽滤并分别得到滤液和浸出渣。将滤液移入 100mL 的容量瓶中，采用化学滴定分析和 ICP-OES 方法检测滤液中 Ca^{2+} 浓度，并根据式（5.1）计算 Ca 浸出率，确定较优的 NH_4Cl 溶液浓度参数。

　　在所得较优 NH_4Cl 溶液浓度条件下，进一步探究液-固比对调质钢渣中 Ca 提取行为的影响。具体的实验过程与 NH_4Cl 溶液浓度下的浸出实验相同。

8.2　调质钢渣离子释放行为

　　应用浓度为 1mol/L 的 CH_3COOH 溶液在室温条件下浸出调质钢渣 1h 所得浸出液的 pH 约为 3.3，溶液仍呈酸性。将所得浸出液全部移入 250mL 的容量瓶中。对酸浸滤液中各离子浓度进行 ICP-OES 检测，结果如表 8.3 所示。图 8.2 为调质钢渣在 CH_3COOH 溶液和 NH_4Cl 溶液中各元素浸出率。结果表明，调质钢渣中各元素在 CH_3COOH 溶液存在不同程度的溶出。其中，Ca^{2+} 溶出量较多，为 0.81g/L，调质钢渣中大约 94%的 Ca 溶出并进入 CH_3COOH 浸出液。浸出液中 Mg^{2+} 和 Si^{4+} 浓度相似，Mg 和 Si 浸出率分别约为 85%和 83%。

表 8.3　酸浸滤液中各离子浓度（单位：g/L）

离子种类	离子浓度	离子种类	离子浓度
Ca^{2+}	0.81	Si^{4+}	0.31
Mg^{2+}	0.15	Al^{3+}	0.013

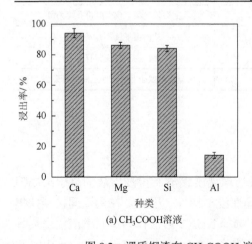
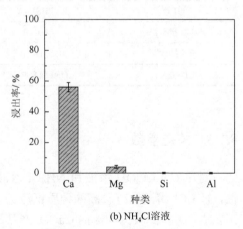

(a) CH_3COOH溶液　　　　　　　　　　(b) NH_4Cl溶液

图 8.2　调质钢渣在 CH_3COOH 溶液和 NH_4Cl 溶液中各元素浸出率

　　调质钢渣在 NH_4Cl 溶液中的离子释放行为与在 CH_3COOH 溶液中的不同，如图 8.2（b）所示。由图 8.2（b）可知，调质钢渣在 NH_4Cl 溶液中的元素浸出率远

低于在 CH_3COOH 溶液中。其中，Ca 浸出率约为 56%，Mg 浸出率小于 10%。另外，Si 和 Al 元素均不在 NH_4Cl 溶液中溶出。这一结果也进一步表明，调质钢渣在 NH_4Cl 溶液中具有选择性浸出行为。

对比 CH_3COOH 溶液和 NH_4Cl 溶液处理调质钢渣所得浸出液的离子组成特性，CH_3COOH 溶液具有较高的离子浸出率，尤其是 Ca。这有利于后续含 Ca^{2+} 浸出液 CO_2 捕集量的增加。但由于存在其他元素，所得碳酸盐产物纯度较低，利用价值不高。NH_4Cl 溶液则具有较高的调质钢渣 Ca 选择性浸出特性，虽然 Ca 浸出率不高，但是其他元素的溶出量极少，甚至不溶出。因此，利用 NH_4Cl 浸出液进行碳捕集，可以得到较为纯净的 $CaCO_3$ 产品。

8.3　关键参数对调质钢渣 Ca 提取影响

对比 CH_3COOH 溶液和 NH_4Cl 溶液处理调质钢渣所得浸出液的离子组成特性，NH_4Cl 溶液具有较高的调质钢渣选择性浸出特性。因此，在钢渣间接碳捕集工艺中，为得到较为纯净的 $CaCO_3$ 产品，选择 NH_4Cl 溶液作为调质钢渣浸出剂具有一定优势。本节探究调质钢渣以 NH_4Cl 溶液作为浸出剂，溶剂浓度和液-固比对调质钢渣 Ca 提取的影响。

8.3.1　溶剂浓度

图 8.3 为调质钢渣在不同浓度的 NH_4Cl 溶液中所得的浸出时间-pH 关系曲线。

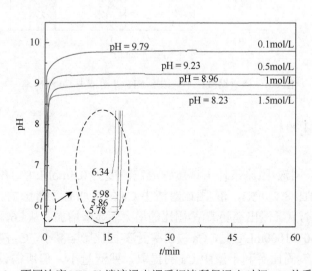

图 8.3　不同浓度 NH_4Cl 溶液浸出调质钢渣所得浸出时间-pH 关系曲线

不同浓度 NH_4Cl 溶液的 pH 不同，范围为 5.78~6.34，溶液呈弱酸性。向溶液中加入调质钢渣后，溶液 pH 在前几十秒内迅速增加，表现为快速浸出反应。随着浸出时间的延长，pH 变化不明显。因此，延长浸出时间对渣中离子提取无明显意义。此外，由于调质钢渣中阳离子溶出消耗 H^+，浸出液终点 pH 均呈现弱碱性（8.23~9.79）。浸出液呈碱性有利于后续 CO_2 捕集与 $CaCO_3$ 生成反应的进行。

图 8.4 为调质钢渣在不同浓度 NH_4Cl 溶液中 Ca 浸出率。当 NH_4Cl 溶液浓度为 0.1mol/L 时，Ca 浸出率为 33%。随着 NH_4Cl 溶液浓度的逐渐增大，Ca 提取能力增强。当 NH_4Cl 溶液浓度为 0.5mol/L 时，钢渣中 Ca 浸出率为 50%。但是，继续增加 NH_4Cl 溶液浓度对调质钢渣中 Ca 浸出无明显作用，Ca 浸出率增加不足 10 个百分点。因此，NH_4Cl 溶液浓度为 0.5~1mol/L 较适宜。

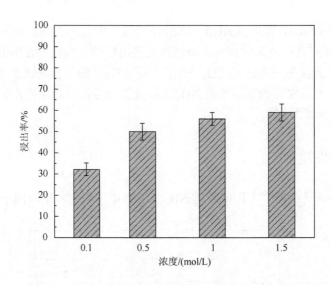

图 8.4　调质钢渣在不同浓度 NH_4Cl 溶液中 Ca 浸出率

8.3.2　液-固比

图 8.5 为不同液-固比条件下调质钢渣在浓度为 0.5mol/L 的 NH_4Cl 溶液中的 Ca 浸出率。由图 8.5 可知，液-固比对渣中 Ca 的提取有显著影响。当液-固比为 10~100mL/g 时，Ca 浸出率随着液-固比的增大而显著增加（从 26% 增加到 56%）；当液-固比为 100~1000mL/g 时，Ca 浸出率受液-固比影响减小，Ca 浸出率为 56%~62%。较大的液-固比有利于渣中 Ca 的提取，残渣量小，但所需设备成本增加。由此可知，选择经济且环境可行的液-固比参数尤为重要。

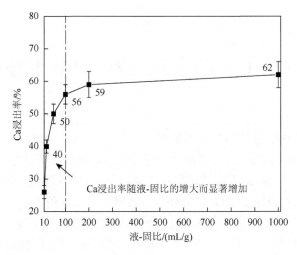

图 8.5　不同液-固比条件下调质钢渣在浓度为 0.5mol/L 的 NH$_4$Cl 溶液中的 Ca 浸出率

8.4　本 章 小 结

本章探讨了调质钢渣在 CH$_3$COOH 溶液和 NH$_4$Cl 溶液中的浸出特性与元素释放行为，确定了钢渣碳捕集工艺的较优 Ca 浸出液；以 NH$_4$Cl 溶液作为浸出液，探究关键参数对调质钢渣 Ca 提取行为的影响，以明确较优的 Ca 提取工艺。本章所得主要结论如下。

（1）调质钢渣在 CH$_3$COOH 溶液和 NH$_4$Cl 溶液中表现出不同的元素溶出行为。NH$_4$Cl 溶液具有较高的 Ca 选择性，以其提取钢渣中的 Ca，有利于得到较为纯净的碳捕集产品。

（2）调质钢渣在浓度为 0.5mol/L 的 NH$_4$Cl 溶液中 Ca 浸出率可达 50%，继续增加 NH$_4$Cl 溶液浓度（1～1.5mol/L），对磁选尾渣中 Ca 浸出率的提高无显著影响。因此，NH$_4$Cl 溶液处理调质钢渣的浓度以 0.5～1mol/L 较佳。

（3）液-固比对渣中 Ca 的提取有显著影响。当液-固比为 10～100mL/g 时，Ca 浸出率随着液-固比的增大而显著增加（从 26% 增加到 56%）；当液-固比为 100～1000mL/g 时，Ca 浸出率受液-固比影响减小，Ca 浸出率为 56%～62%。

第 9 章　Ca²⁺碳酸化行为与产物调控技术

溶液碳酸化是钢渣碳捕集工艺的第二个环节，由于该过程涉及气-液-固三相反应、CO_2的溶解与$CaCO_3$的结晶同时进行，CO_2的溶解机制与$CaCO_3$的结晶行为尚不明确。此外，富 Ca 溶液碳酸化过程中涉及多种参数变化，如溶液 pH 和 Ca^{2+}浓度，因此，较难控制$CaCO_3$产物晶型，较难提升工业价值。

本章将开展溶液体系 Ca^{2+}碳酸化实验，研究关键参数（Ca^{2+}浓度、初始溶液 pH 和 CO_2 体积分数等）对 CO_2 捕集行为和$CaCO_3$结晶过程的影响；结合在线监测方法，探究气-液-固三相反应过程中 CO_2 溶解行为与$CaCO_3$晶型转变和形貌微观演变机制，并考察引入添加剂对合成特定晶型和形貌$CaCO_3$的影响。

9.1　实　验　方　案

9.1.1　Ca²⁺碳酸化实验

基于第 8 章研究调质钢渣 NH_4Cl 浸出液的化学特征（浸出液中微量 Mg 和 Si 不足以影响碳酸化过程，可以忽略），本章采用分析纯试剂 NH_4Cl 和 $CaCl_2$ 配制溶液用于 Ca^{2+}碳酸化实验。

配制 NH_4Cl（浓度为 0.1mol/L）和 $CaCl_2$（浓度为 0.2mol/L）的混合溶液 250mL，通过添加 10mL 的 $NH_3 \cdot H_2O$，调节溶液 pH 为 10 左右。为了更好地捕捉 Ca^{2+}碳酸化过程中碳酸化产物相转变与形貌演变过程，选择较低的 CO_2 通入速率（10mL/min）。当溶液 pH 降为 8 时，停止通入 CO_2 气体。碳酸化过程中实时监测溶液 pH 变化，根据所得的 CO_2 通入时间-pH 关系曲线，确定了批次碳酸化时间（CO_2 通入时间）为 15min、30min、60min 和 90min。碳酸化反应在室温下进行，采用磁力搅拌，搅拌速率为 300r/min。

9.1.2　CO₂体积分数对 Ca²⁺碳酸化影响实验

Ca^{2+}碳酸化过程涉及气-液-固三相共存的复杂化学反应，CO_2 气体在溶液中的溶解是 Ca^{2+}碳酸化过程的主要环节。一般情况下，CO_2 气体在溶液中的溶解度越大，越有利于 Ca^{2+}碳酸化反应的进行。另外，钢铁生产过程中排出的冶金烟气中

CO_2 体积分数不等，通常为 5%～25%。因此，研究 CO_2 体积分数对 Ca²⁺碳酸化的影响，对推动钢渣碳捕集工艺的工业化应用具有重要意义。本节采用实验研究方法探究 CO_2 体积分数对 Ca²⁺碳酸化过程和 CO_2 捕集能力的影响，进一步采用分子动力学模拟方法从原子/分子尺度分析 CO_2 体积分数对溶液中各粒子微观结构、缔合方式和团聚能力的影响。

1. 实验研究

配制 NH_4Cl（浓度为 0.5mol/L）和 $CaCl_2$（浓度为 0.075mol/L）的混合溶液 250mL，用于不同 CO_2 体积分数的碳酸化实验。在通入气体前，向溶液中添加 10mL 的 $NH_3·H_2O$，调节溶液 pH 约为 10。根据冶金烟气成分组成特点，CO_2 体积分数分别设置为 5%、10%、15%、20% 和 100%。不同 CO_2 体积分数的气体通过控制混合一定比例的 CO_2 和 N_2 实现。待溶液 pH 降至 8 时，停止通入气体。

碳酸化反应过程中均采用 pH 计实时监测溶液 pH 变化。通入气体的流量为 100mL/min，整个碳酸化反应过程中采用磁力搅拌，搅拌速率为 300r/min。图 9.1 为溶液碳酸化反应装置示意图。

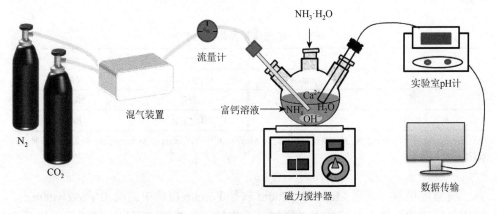

图 9.1　溶液碳酸化反应装置示意图

2. 分子动力学模拟

Ca²⁺碳酸化实验研究表明，当通入气体中的 CO_2 的体积分数小于等于 5% 时，含 Ca²⁺溶液具有较低的 CO_2 捕集率和 Ca²⁺转化率，且需要较长的碳酸化反应时间，不宜直接应用于钢渣碳捕集工艺中。因此，在分子动力学模拟 CO_2 体积分数对碳酸化影响实验时，进一步优化通入气体中 CO_2 体积分数分别为 10%、15% 和 20%。

分子动力学模拟研究借助 Materials Studio 软件中的非晶态单元（Amorphous Cell）模块建立 Ca^{2+}-CO_3^{2-}-NH_4^+-Cl^--H_2O 溶液模型。在分子动力学模拟研究中，以

溶液中 CO_3^{2-} 浓度代表气体中 CO_2 体积分数。设定体系 pH = 10。模型建立时的力场选择原子模拟研究的凝聚相优化分子势（condensed-phase optimized molecular potentials for atomistic simulation studies，Compass），溶液模型中的电荷分布选择由力场分布（Forcefeild Assigned），溶液体系密度设为 1.0g/cm³，不同 CO_2 体积分数（10%、15%和20%）条件下溶液体系的化学组分如表 9.1 所示。

表 9.1 不同 CO_2 体积分数条件下溶液体系的化学组分

CO_2 体积分数/%	Ca^{2+}/个	NH_4^+/个	Cl^-/个	H_2O/个	CO_3^{2-}/个
10	200	400	400	224	108
15	200	400	400	224	144
20	200	400	400	224	180

采用 Materials Studio 软件 Forcite 模块中的几何优化（Geometry Optimization）对 Ca^{2+}-CO_3^{2-}-NH_4^+-Cl^--H_2O 溶液模型进行几何结构及能量优化，其目的是防止出现初始离子对及水分子形成不合理的重叠现象。溶液体系具体优化参数如表 9.2 所示。

表 9.2 溶液体系具体优化参数

参数	设置	参数	设置
力场	Compass	迭代步数/步	1000
求和方法	Ewald	质量	Medium
截断半径/Å	12.5	优化方法	Smart

注：Ewald 指一种用于求解泊松方程的数值方法；Medium 指中等；Smart 指 Materials Studio 软件中一种几何优化方法。

模型优化后，使用 Materials Studio 软件 Forcite 模块中的动力学（Dynamics）对优化后的体系进行分子动力学模拟，设定粒子的初始速度为随机速度，体系的边界条件为周期性边界条件。分子动力学模拟的具体参数如表 9.3 所示。

表 9.3 分子动力学模拟的具体参数

参数	设置	参数	设置
力场	Compass	控压方法	Anderson
系综	NPT	步长/fs	1
控温方法	Nose	模拟时间/ps	300

注：NPT 指恒温恒压；Nose 指通过外部热浴维持系统温度；Anderson 指 Anderson 提出的一种控压方法，该方法调整模拟体系中的粒子运动或体积变化，使得体系的压力保持在设定值附近。

对分子动力学模拟研究得到的 Ca^{2+}-CO$_3^{2-}$-NH$_4^+$-Cl$^-$-H$_2$O 溶液体系进行以下热力学和动力学属性分析。

1) 结合能

粒子间的结合能是一种相互作用能, 即当物质或体系由两个及两个以上组分组成时, 各组分之间存在的一种促使各组分结合在一起的相互吸引力。假设将各组分分开至无穷远处, 这个过程必然需要做功来克服它们之间的这种相互吸引力。该过程所做的功称为该物质或体系的结合能。简而言之, 结合能就是两个或两个以上的粒子从自由状态结合为一个复合粒子时放出的能量。通常情况下, 结合能的数值越大, 物质或体系的结构越稳定。结合能的计算公式如下:

$$E_{bind} = E_{AB} - (E_A + E_B) \tag{9.1}$$

式中, E_{bind} 为物质或体系的结合能; E_{AB} 为物质或体系的总能量; E_A 为物质 A 的能量; E_B 为物质 B 的能量。

根据式 (9.1), 可以推导出三体系中任意两组分间结合能的计算公式:

$$E_{A_1 \& A_2} = (E_{A_1+B+A_2} - E_{A_1+B} - E_{A_2+B} - E_{A_1} - E_{A_2} + E_B + E_{A_1+A_2})/2 \tag{9.2}$$

由式 (9.1) 和式 (9.2) 可得三体系 CaCO$_3$-NH$_4$Cl-H$_2$O 中 CaCO$_3$ 与 H$_2$O 的结合能计算公式:

$$E_{bind} = (E_{Total} - E_{CaCO_3+NH_4Cl} - E_{H_2O+NH_4Cl}$$
$$- E_{CaCO_3} - E_{H_2O} + E_{NH_4Cl} + E_{CaCO_3+H_2O})/2 \tag{9.3}$$

式中, E_{Total} 为三体系 CaCO$_3$-NH$_4$Cl-H$_2$O 的总能量 (J/mol); E_{bind} 为 CaCO$_3$ 与 H$_2$O 的结合能 (J/mol); $E_{CaCO_3+NH_4Cl}$ 为 CaCO$_3$ 与 NH$_4$Cl 组分的能量 (J/mol); $E_{H_2O+NH_4Cl}$ 为 H$_2$O 与 NH$_4$Cl 组分的能量 (J/mol); $E_{CaCO_3+H_2O}$ 为 CaCO$_3$ 与 H$_2$O 组分的能量 (J/mol); E_{CaCO_3} 为 CaCO$_3$ 组分的能量 (J/mol); E_{H_2O} 为 H$_2$O 组分的能量 (J/mol); E_{NH_4Cl} 为 NH$_4$Cl 组分的能量 (J/mol)。

2) 径向分布函数

径向分布函数是指当给定某个粒子 (即中心粒子) 的坐标时, 其他粒子在空间的分布概率。径向分布函数可以准确地描述物质或体系内某个粒子周围其他粒子的分布情况, 通常用于研究某物质或体系的有序性。

径向分布函数的计算公式如下:

$$\int_0^\infty \rho g(r) 4\pi r^2 dr = \int_0^N dN = N \tag{9.4}$$

式中, ρ 为物质或体系的密度 (g/cm^3); r 为与给定中心粒子的距离 (Å); N 为物质或体系中的分子数量。

由此可得径向分布函数和 dN 的关系如下:

$$g(r) = \frac{dN}{\rho 4\pi r^2 dr} \tag{9.5}$$

　　径向分布函数也可以认为是物质或体系的区域密度与平均密度之比。当研究的粒子距离中心粒子无穷远时，区域密度与平均密度趋于相等。

　　3）均方位移与扩散系数

　　均方位移是指当运动时间为 t 时所有粒子与各自初始点距离的平均值，可用于判断系统中粒子运动速度及运动模式。若不人为地施加限制性的边界条件，均方位移将随时间的延长而线性增长。

　　均方位移的定义如下：

$$\text{MSD} = |r(t) - r(0)|^2 \tag{9.6}$$

式中，$|r(t) - r(0)|^2$ 为系统的平均值；t 为时间；MSD 指均方位移（mean squared displacement）。

　　均方位移最重要的作用就是依据爱因斯坦方程来计算扩散系数。均方位移与粒子的扩散系数的对应关系如下：

$$|r(t) - r(0)|^2 = 6Dt + C \tag{9.7}$$

式中，D 为扩散系数，D 和 C 均为常数。

　　当所研究的体系为液体时，均方位移与扩散系数存在如下关系：

$$D = \lim_{t \to \infty} \frac{1}{6t} |r(t) - r(0)|^2 \tag{9.8}$$

　　在分子动力学模拟过程中，如果模拟的时间足够长且在立方晶格中，扩散系数等于均方位移曲线斜率的 1/6。

9.1.3　碳酸化调控实验

　　已有液-液-固体系的碳酸化研究[173]表明，带有—OH 和—COOH 官能团的有机分子能诱导一定晶型和形貌 $CaCO_3$ 的生成。因此，向溶液中添加 5g/L 的乙二醇（—OH）和柠檬酸（—COOH），以评估其在溶液碳酸化（气-液-固）过程中对 CO_2 捕集和 $CaCO_3$ 定向合成的影响。其他实验参数和过程与 9.1.1 节相同。根据得到的 CO_2 通入时间-pH 关系曲线确定了各添加剂条件下的批次碳酸化时间（CO_2 通入时间）。其中，添加乙二醇溶液的单批次碳酸化时间分别为 15min、30min、60min、90min 和 120min；添加柠檬酸溶液的单批次碳酸化时间分别为 15min、30min、60min 和 95min。

9.1.4　检测与表征

　　碳酸化实验所得浆液抽滤后得到滤液和固体产物。所得固体产物用去离子水清洗后于烘箱中 60℃烘干 48h，借助 XRD 和 SEM-EDS 检测结晶产物的相组成与微观形貌。由预实验可知，Ca²⁺碳酸化得到的主要结晶产物为方解石和球霰石的混合物，应用式（9.9）和式（9.10）可对结晶产物进行半定量相含量分析。

$$X_V = \frac{7.691 \times I_{110V}}{I_{104C} + 7.691 \times I_{110V}} \tag{9.9}$$

$$X_C = 1 - X_V \tag{9.10}$$

式中，X_V 和 X_C 分别为球霰石和方解石在结晶物中的质量分数；I 为 XRD 特征衍射峰的积分强度，下标 V 和 C 分别代表球霰石相和方解石相，即 I_{110V} 和 I_{104C} 分别为球霰石和方解石对应(110)和(104)晶面的 XRD 特征峰的积分强度。

所得滤液迅速移入 500mL 的容量瓶中，并立即对溶液中 Ca²⁺浓度进行化学滴定分析和 ICP-OES 检测，避免溶液中残余 Ca²⁺和 CO_3^{2-} 继续发生反应。采用式（9.11）计算 Ca²⁺转化率（$R_{Ca^{2+}}$），Ca²⁺转化率的定义为溶液中 Ca²⁺转化为 $CaCO_3$ 的比率。

$$R_{Ca^{2+}} = 1 - \frac{C_{Ca^{2+}} V_{Ca^{2+}}}{n_{Ca^{2+}}} \tag{9.11}$$

式中，$C_{Ca^{2+}}$ 为滤液中的 Ca²⁺浓度（mol/L）；$V_{Ca^{2+}}$ 为滤液体积（L）；$n_{Ca^{2+}}$ 为碳酸化前初始溶液 Ca²⁺物质的量（mol）。

与 Ca²⁺转化率类似，CO_2 捕集率的定义为通入溶液中的 CO_2 与反应生成 $CaCO_3$ 的比率，可根据 Ca²⁺转化率、CO_2 气体流量和碳酸化时间估算，具体计算方法如下：

$$\eta_{CO_2} = \frac{R_{Ca^{2+}} C_{Ca^{2+}} V}{Q_{CO_2} V_{CO_2} t / 22.4} \tag{9.12}$$

式中，η_{CO_2} 为 CO_2 捕集率（%）；$C_{Ca^{2+}}$ 为滤液中的 Ca²⁺浓度（mol/L）；V 为原始溶液体积（L）；Q_{CO_2} 为气体流量（L/min）；V_{CO_2} 为通入气体中 CO_2 体积分数（%）；t 为碳酸化时间（min）。

此外，为了进一步分析添加剂对碳酸化产物晶态和形貌的影响机制，对不同碳酸化时间下的样品进行傅里叶变换红外光谱（Fourier transform infrared spectroscopy，FTIR）检测。

9.2　Ca²⁺碳酸化行为

气-液-固溶液体系中的碳酸化过程很难实现特定晶型和形貌的 $CaCO_3$。此外，溶液碳酸化过程中，$CaCO_3$ 的生长行为与溶液中 Ca²⁺和 pH 变化的动态关系尚不清楚。理论基础的匮乏使 $CaCO_3$ 的定向合成面临挑战。因此，本节开展溶液碳酸化微观模拟实验，旨在揭示气-液-固三相反应过程中 CO_2 溶解行为和 $CaCO_3$ 晶型转变与形貌演变机制。

9.2.1　CO_2 溶解与 $CaCO_3$ 结晶

图 9.2 为溶液碳酸化过程中的 pH、Ca^{2+} 浓度与 Ca^{2+} 转化率变化。随着不断通入 CO_2，溶液 pH 逐渐降低。由图 9.2 可知，溶液的碳酸化过程可分为两个阶段。第一个阶段为 CO_2 通入前 10min。此过程中 Ca^{2+} 浓度不变，Ca^{2+} 转化率为 0，表明此时期为 $CaCO_3$ 成核诱导期，并且溶液无浑浊现象。因此，溶液碳酸化前 10min 发生的主要反应为 CO_2 的溶解吸收。第二个阶段为 CO_2 通入 10min 以后。此过程中 Ca^{2+} 浓度和 pH 逐渐降低，这是 CO_2 吸收和 $CaCO_3$ 形成共同作用的结果。当溶液 pH 降低至 8 时，溶液中约 99% 的 Ca^{2+} 转化为 $CaCO_3$ 沉淀。

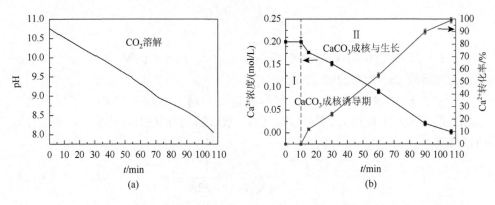

图 9.2　溶液碳酸化过程中的 pH、Ca^{2+} 浓度与 Ca^{2+} 转化率变化

9.2.2　$CaCO_3$ 晶型转变

图 9.3 为不同 CO_2 通入时间下所得 $CaCO_3$ 产物的 XRD 图谱及其各晶相含量。由图 9.3 可知，当 CO_2 通入 15min 时，$CaCO_3$ 产物为方解石和球霰石的混合物；当 CO_2 通入 90min 时，方解石的特征峰强度减小，而球霰石的特征峰强度增加；当 CO_2 通入 107min 时，溶液 pH 降至 8，$CaCO_3$ 产物为六方晶格结构的球霰石晶体，空间群为 $P6_3/mmc$。由图 9.3（b）可知，$CaCO_3$ 产物在碳酸化过程中经历了方解石向球霰石的晶型转变。在碳酸化实验终点，球霰石晶体为 $CaCO_3$ 的最终产物。

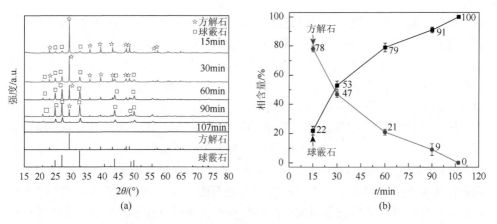

图 9.3 不同 CO_2 通入时间下所得 $CaCO_3$ 产物的 XRD 图谱及其各晶相含量（以质量分数计）

9.2.3 $CaCO_3$ 形貌演变

图 9.4 为不同 CO_2 通入时间下溶液碳酸化所得 $CaCO_3$ 的 SEM 图像。由图 9.4 可知，当 CO_2 通入 15min 时，分别得到菱面体方解石和球形球霰石晶体。两种晶型产物均具有较大的粒径范围（为 $0.5\sim10\mu m$），表明碳酸化过程中同时存在方解石与球霰石晶的成核与长大。随着 CO_2 通入时间的延长，方解石颗粒逐渐溶解，伴随着球霰石的不断成核与生长。当 CO_2 通入 107min 时，得到表面粗糙的球形球霰石。SEM 结果同样表明了 $CaCO_3$ 产物由方解石转变为球霰石，与 XRD 分析结果相同。

图 9.4 不同 CO_2 通入时间下溶液碳酸化所得 $CaCO_3$ 的 SEM 图像

　　此外，随着 CO_2 通入时间的延长（15～90min），$CaCO_3$ 颗粒逐渐减小，出现这种现象的原因可能为溶液中 Ca^{2+} 不断消耗（Ca^{2+} 浓度从 0.2mol/L 降低到 0.02mol/L）。Han 等[174]的研究也进一步表明，在气-液-固体系中，较低的 Ca^{2+} 初始浓度会诱导小颗粒球霰石（粒径为 1～2μm）的形成。因此，碳酸化过程中控制 Ca^{2+} 浓度恒定有利于得到尺寸均一的 $CaCO_3$ 产物。

　　图 9.5 为 $CaCO_3$ 的晶型转变路径。由图 9.5 可知，球形球霰石大多出现在方解石前驱体附近。因此，方解石向球霰石的转变遵循方解石溶解—球霰石结晶机制。另外，随着 CO_2 通入时间从 60min 延长到 107min，球霰石从光滑的球形转变为表面粗糙的多晶结构。这表明此时期球霰石的生长机制发生改变。如图 9.5 所示，从破裂的球形晶体内部可发现纤维分枝呈径向对称分布的形态，表明球霰石在碳酸化前期表现为典型的球晶生长机制。多晶球霰石生长一般表现为纳米聚集生长，即在高过饱和条件下首先形成纳米晶体结构，然后相互聚集成为最终的多晶结构。

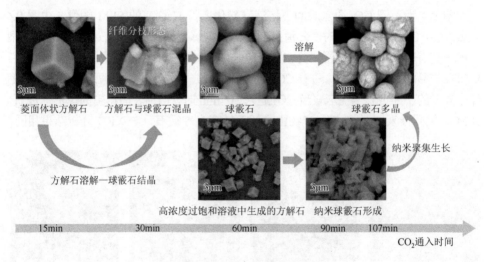

图 9.5　$CaCO_3$ 的晶型转变路径

　　综上所述，气-液-固体系中的 $CaCO_3$ 晶型转变方式明显不同于液-液-固体系。研究表明，$CaCO_3$ 在液-液-固体系中通常由动力学稳定的球霰石转变为热力学稳定的方解石[175]。两种体系表现出不同的 $CaCO_3$ 晶型转变方式，这可能与碳酸化过程中 Ca^{2+} 与 CO_3^{2-} 浓度比不断变化有关。气-液-固体系的碳酸化反应之初，溶液中具有较高的 Ca^{2+} 浓度，而 CO_3^{2-} 浓度很低，较高的 Ca^{2+} 与 CO_3^{2-} 浓度比有利于方解石相的形成；随着 CO_2 气体的不断通入，溶液中 Ca^{2+} 不断消耗，CO_3^{2-} 不断积聚，较低的 Ca^{2+} 与 CO_3^{2-} 浓度比有利于动力学相球霰石的形成。研究表明，方解石是热力学产物, 有利于热力学控制生长; 球霰石是动力学产物, 有利于动力学控制生长[176]。一些研究报道了动力学和热力学控制对 $CaCO_3$ 生长的相互作用[176]。结果表明, Ca^{2+} 是产生方解石热力学生长的优势物质[176]。此外, 高 CO_2 体积分数可优先控制动力学稳定相球霰石的生长。因此, 方解石向球霰石的转变可能由碳酸化过程中 Ca^{2+} 与 CO_3^{2-} 浓度比不断变化所致。

9.3　CO_2 体积分数对 Ca^{2+} 碳酸化行为的影响

9.3.1　实验研究

1. 溶液 pH

图 9.6 为不同 CO_2 体积分数条件下溶液碳酸化过程中所得的 CO_2 通入时间-pH 关系曲线。由图 9.6 可知, 当 CO_2 气体通入溶液中时, 溶液 pH 从 10 降低到 8 约需 1h。随着通入气体中 CO_2 体积分数的降低, 溶液 pH 降低到 8 所需要的时间延长。当通入气体中 CO_2 体积分数为 5%时, 约 24h 后, 溶液 pH 仅从 10 降低

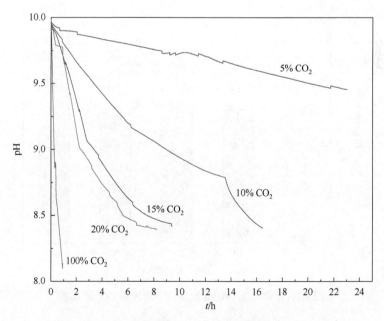

图 9.6　不同 CO_2 体积分数条件下溶液碳酸化过程中所得的
CO_2 通入时间-pH 关系曲线

到 9.5。因此，当冶金废气中 CO_2 体积分数较低（≤5%）时，不建议直接用于溶液碳捕集。

2. Ca^{2+} 转化率和 CO_2 捕集率

本实验条件下，改变通入气体中 CO_2 体积分数（10%、15%、20%、25%）并不影响溶液中的 Ca^{2+} 转化率，约 99%的 Ca^{2+} 可转化为 $CaCO_3$。但是，当通入气体中 CO_2 体积分数为 5%、通入时间为 24h 时，溶液中 Ca^{2+} 转化率仅为 16%。Eloneva 等[110]的研究表明，碳酸化气体中 CO_2 体积分数并不影响 $CaCO_3$ 的形成量。因此，可以猜测，当通入气体中 CO_2 体积分数为 5%时，只要给予足够长的反应时间，溶液中的 Ca^{2+} 就可全部参与碳酸化反应并生成 $CaCO_3$。

图 9.7 为不同 CO_2 体积分数条件下溶液的 CO_2 捕集率。由图 9.7 可知，当通入气体中 CO_2 体积分数为 5%时，其 CO_2 捕集率不足 1%。随着通入气体中 CO_2 体积分数的增加（除 20%外），溶液的 CO_2 捕集率呈增加趋势但增加量并不显著。即使通入纯 CO_2 气体，溶液的 CO_2 捕集率仍小于 10%。因此，为了进一步净化烟气中的 CO_2，可将碳酸化尾气循环通入碳捕集反应器中，直至碳酸化尾气中 CO_2 体积分数小于 5%。

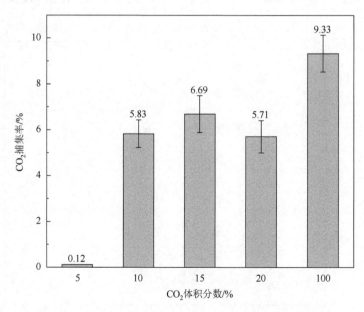

图 9.7　不同 CO_2 体积分数条件下溶液的 CO_2 捕集率

3. $CaCO_3$ 晶型与形貌

图 9.8 为不同 CO_2 体积分数条件下溶液碳酸化所得产物的 XRD 图谱。由

图 9.8 可知，当通入气体中的 CO_2 体积分数为 5%～15%时，所得 $CaCO_3$ 产物为方解石；当通入气体中的 CO_2 体积分数为 20%时，所得 $CaCO_3$ 产物为方解石和球霰石的混合物；当通入纯 CO_2 气体时，所得 $CaCO_3$ 产物为球霰石。因此，通入气体中 CO_2 的体积分数越大，越有利于球霰石晶体的形成。Han 等[174]也得出了相似的结论，他们认为这是由球霰石向方解石转变的速度减慢造成的。

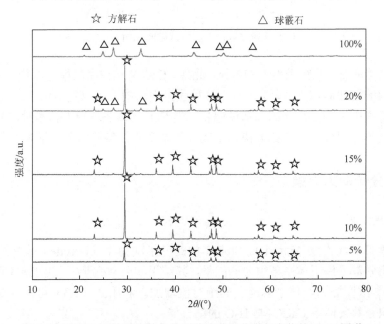

图 9.8　不同 CO_2 体积分数条件下溶液碳酸化所得产物的 XRD 图谱

图 9.9 为不同 CO_2 体积分数条件下溶液碳酸化所得产物的 SEM 图像。当气体中 CO_2 体积分数为 5%时，$CaCO_3$ 产物为菱面体方解石，平均粒径约为 4μm。随着气体中 CO_2 体积分数增加，方解石平均粒径减小。当气体中 CO_2 体积分数为 15%时，方解石平均粒径约为 1μm。当气体中 CO_2 体积分数为 20%时，所得 $CaCO_3$ 产物为方解石与球霰石的混合晶体。当通过纯 CO_2 气体时，所得 $CaCO_3$ 产物为规

(a) 5%　　　　　　　　　　(b) 10%　　　　　　　　　　(c) 15%

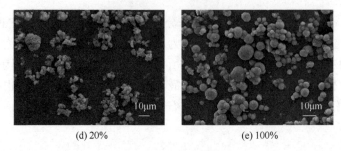

(d) 20%　　　　　　　　　　　　　(e) 100%

图 9.9　不同 CO_2 体积分数条件下溶液碳酸化所得产物的 SEM 图像

则球体的球霰石，其粒径为 1～12μm。此外，$CaCO_3$ 颗粒团聚程度随着气体中 CO_2 体积分数的增加而增大。研究表明，这种团聚现象的发生可能是由于在气-液界面附近的液膜中达到了高度的局部过饱和。当 CO_2 气体在液膜上积累时，其局部浓度高于气体体积分数，$CaCO_3$ 快速生成并且单个晶体碰撞的概率增大[177]。

9.3.2　分子动力学模拟

1. 结合能

本模拟实验借助 Materials Studio 中的分子动力学（Forcite）模块模拟不同 CO_2 体积分数条件下体系各组分的能量，其结果如表 9.4 所示。由表 9.4 可知，体系中 CO_3^{2-} 浓度提高，体系总能量的绝对值增加。利用式（9.3）可以计算出不同 CO_2 体积分数条件下 $CaCO_3$ 与 H_2O 的结合能。

表 9.4　不同 CO_2 体积分数条件下体系各组分的能量（单位：kJ/mol）

能量	CO_2 体积分数为 10%	CO_2 体积分数为 15%	CO_2 体积分数为 20%
E_{Total}	−7379.52	−7937.43	−8545.80
$E_{CaCO_3+NH_4Cl}$	−4929.92	−5451.70	−6015.92
$E_{H_2O+NH_4Cl}$	−2691.29	−2691.29	−2691.29
E_{CaCO_3}	−4805.51	−5306.63	−5871.28
E_{NH_4Cl}	−2642.31	−2642.31	−2642.31
E_{H_2O}	−36.99	−36.99	−36.99
$E_{CaCO_3+H_2O}$	−7374.03	−7894.98	−8486.17
E_{bind}	−2466.08	−2494.06	−2529.40

图 9.10 为不同 CO_2 体积分数条件下 $CaCO_3$ 与 H_2O 结合能的柱状图。由图 9.10 可知，随着 CO_2 体积分数逐渐增加，体系中 CO_3^{2-} 数量逐渐增加，$CaCO_3$ 与 H_2O 的结合能逐渐降低。这是由于体系中阴、阳离子浓度的增加破坏了 H_2O 分子间的缔合网络状结构。H_2O 分子间以氢键结合并形成水分子簇，水分子间氢键连接多呈网络状结构，这种结构可以减小体系或系统中分子间的平均空隙，阻碍 Ca^{2+} 和 CO_3^{2-} 的热运动，而随着 CO_2 体积分数增加，体系中阴、阳离子浓度增加，破坏了水分子间氢键的网络状结构，使体系中的氢键数量逐渐减少、水分子间的相互作用力逐渐减小，导致 $CaCO_3$ 与 H_2O 结合能降低。这表明高 CO_2 体积分数并不利于 $CaCO_3$ 与 H_2O 的水合作用，溶液中 $CaCO_3$ 的水合作用降低，使得 Ca^{2+} 和 CO_3^{2-} 开始聚合，增加 Ca^{2+} 和 CO_3^{2-} 相互接触的机会，有利于在溶液中形成 $CaCO_3$ 团簇并聚合。

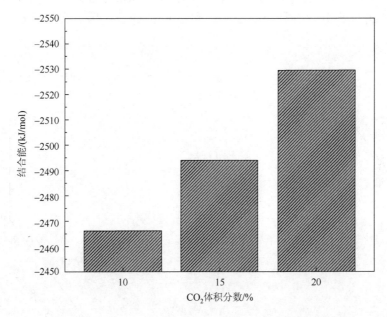

图 9.10　不同 CO_2 体积分数条件下 $CaCO_3$ 与 H_2O 的结合能

2. 粒子微观结构

表 9.5 为不同 CO_2 体积分数条件下体系中 Ca^{2+}-CO_3^{2-} 径向分布函数的峰位和峰值。由表 9.5 可知，在 CO_2 体积分数为 10%、15% 和 20% 的条件下，Ca^{2+}-CO_3^{2-} 径向分布函数分别在 $r = 4.03$Å、$r = 4.09$Å 和 $r = 4.05$Å 时形成高峰，随着 CO_2 体积分数增加，峰位基本不发生变化，Ca^{2+} 和 CO_3^{2-} 处于短程及中程有序而长程无序的团簇状结构。

表 9.5　不同 CO_2 体积分数条件下体系中 Ca^{2+}-CO_3^{2-} 径向分布函数的峰位和峰值

CO_2 体积分数/%	峰位/Å	峰值/a.u.
10	4.03	5.01
15	4.09	6.11
20	4.05	8.00

图 9.11 为不同 CO_2 体积分数条件下体系中 Ca^{2+}-CO_3^{2-} 径向分布函数图。由图 9.11 可知，在不同 CO_2 体积分数条件下，Ca^{2+}-CO_3^{2-} 径向分布函数图的第一近邻处均出现较为尖锐的峰值，在中远程范围，$g(r)$ 值逐渐趋近 1。这表明在此半径范围内，粒子数密度要远高于平均密度，Ca^{2+} 和 CO_3^{2-} 的结合强度也比较大，且相对 Ca^{2+}，在无穷远处总会存在一个 CO_3^{2-}。随着 CO_2 体积分数逐渐增加，Ca^{2+}-CO_3^{2-} 径向分布函数的峰值逐渐增大，峰形则逐渐趋于尖锐状。这表明增加 CO_2 体积分数有利于增强 Ca^{2+} 和 CO_3^{2-} 的缔合作用，有利于 $CaCO_3$ 晶体的产生。

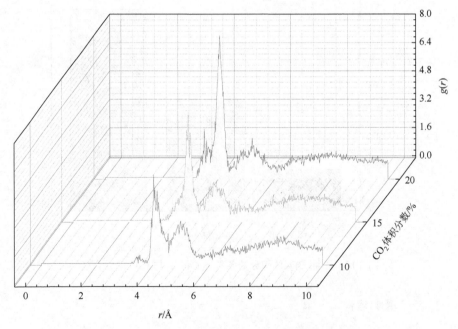

图 9.11　不同 CO_2 体积分数条件下体系中 Ca^{2+}-CO_3^{2-} 径向分布函数图

图 9.12 和图 9.13 分别为不同 CO_2 体积分数条件下体系中 Ca^{2+} 和 CO_3^{2-} 的均方位移图。从图 9.12 和图 9.13 中可明显看出，Ca^{2+} 和 CO_3^{2-} 的均方位移与时间呈良好的线性关系。在不同 CO_2 体积分数条件下，Ca^{2+} 和 CO_3^{2-} 都在系统短暂的弛豫后

迅速达到稳定，之后一直保持比较稳定的扩散状态。随着 CO_2 体积分数逐渐增加，Ca^{2+} 和 CO_3^{2-} 的均方位移曲线的斜率逐渐增大，即 Ca^{2+} 和 CO_3^{2-} 的扩散系数随着 CO_2 体积分数的增加而逐渐增大。这也表明高 CO_2 体积分数可以加快 Ca^{2+} 和 CO_3^{2-} 在体系中的扩散，增加二者在体系中碰撞结合的概率，有利于 $CaCO_3$ 晶体的形成。

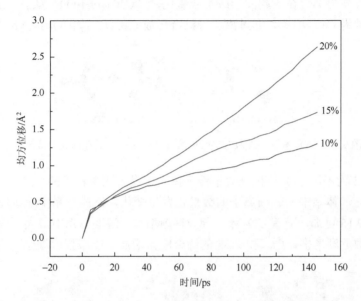

图 9.12　不同 CO_2 体积分数条件下体系中 Ca^{2+} 的均方位移

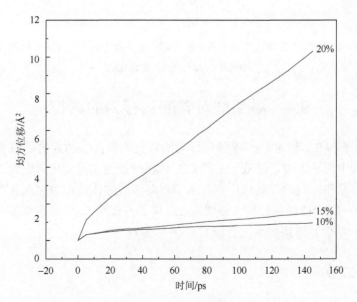

图 9.13　不同 CO_2 体积分数条件下体系中 CO_3^{2-} 的均方位移

3. 粒子团簇行为

图 9.14 为 CO_2 体积分数为 15% 时溶液体系中粒子的赋存形式及成键特性。由图 9.14 可知，溶液体系中 Ca^{2+} 存在着两种赋存方式：一种为 Ca^{2+} 与 Cl^- 和 H_2O 通过范德瓦耳斯力键合在一起并形成水合氯化钙（$CaCl_2 \cdot nH_2O$），如图 9.14（a）所示；另一种为 Ca^{2+} 和 CO_3^{2-} 通过离子键结合形成 $CaCO_3$，如图 9.14（b）所示。

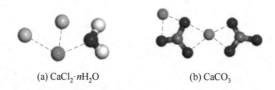

(a) $CaCl_2 \cdot nH_2O$　　　　　　　　　(b) $CaCO_3$

图 9.14　CO_2 体积分数为 15% 时溶液体系中粒子的赋存形式及成键特性

图 9.15 为不同 CO_2 体积分数条件下体系中最大团簇粒子的特征。CO_2 体积分数发生变化，体系中阴、阳离子的数量也发生变化，造成体系中粒子团簇程度不同。由图 9.15 可知，随着 CO_2 体积分数逐渐增加，溶液体系中最大团簇粒子包含的原子个数逐渐增多，Ca^{2+} 和 CO_3^{2-} 的缔合能力增加，团聚程度增强。

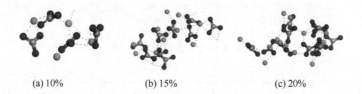

(a) 10%　　　　　　　　(b) 15%　　　　　　　　(c) 20%

图 9.15　不同 CO_2 体积分数条件下体系中最大团簇粒子的特征（扫封底二维码可见彩图）
●代表 O，●代表 C，●代表 Ca

9.4　添加剂对碳酸化行为的调控

由 9.1 节和 9.2 节对 Ca^{2+} 碳酸化行为的研究表明，$CaCO_3$ 的晶型和形貌随着碳酸化过程中离子浓度、溶液 pH 和 CO_2 体积分数变化而变化。因此，为了得到具有特定晶型和形貌的碳酸化产物，本节在溶液碳酸化过程中加入含有特定官能团—OH 和—COOH 的添加剂（分别为乙二醇和柠檬酸），以考察添加剂在溶液碳酸化过程中对 CO_2 捕集和定向合成 $CaCO_3$ 的影响。

9.4.1　乙二醇

图 9.16 为有/无添加剂的溶液碳酸化过程中 pH、Ca^{2+} 浓度和 Ca^{2+} 转化率随

CO_2 通入时间的变化。由图 9.16（a）可知，由于乙二醇为中性分子，添加乙二醇对溶液 pH（约为 10.8）无明显影响。但是，在碳酸化过程中，添加乙二醇溶液的 pH 始终高于无添加剂的溶液。这种现象的原因可能为醇溶液的加入有利于 CO_2 以 $CO_2(aq)$ 形式存在，并抑制其水解产生 H^+。此外，由图 9.16（b）和（c）可知，乙二醇的加入有利于 $CaCO_3$ 沉淀的生成。当 CO_2 通入 90min 时，溶液中 Ca^{2+} 转化率为 99%，高于无添加剂溶液的 Ca^{2+} 转化率（约为 90%）。$CaCO_3$ 沉淀形成速率的增加可能与乙二醇加速 CO_2 吸收有关：室温条件下，$CO_2(g)$ 在醇溶液中的溶解度是纯水中的 3 倍，因此，乙二醇的加入提高了溶液承载 $CO_2(aq)$ 能力并促进了 $CaCO_3$ 沉淀的快速生成。

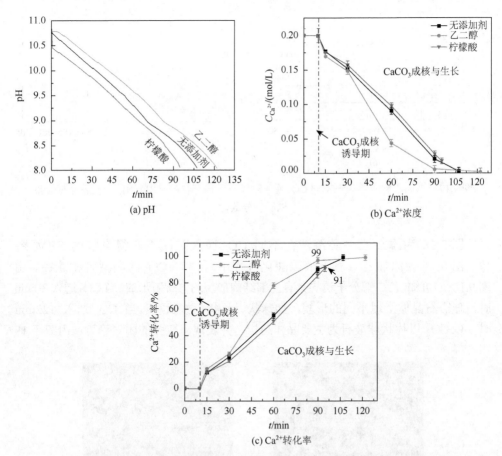

图 9.16　有/无添加剂的溶液碳酸化过程中 pH、Ca^{2+} 浓度和 Ca^{2+} 转化率变化

图 9.17 为添加乙二醇溶液在不同 CO_2 通入时间下所得产物的 XRD 图谱及其各晶相含量。由图 9.17 可知，当 CO_2 通入 15min 时，产物为方解石。对比无添加

溶液结果，乙二醇的存在延缓了方解石向球霰石的转变，这可能是由于方解石表面形成了高度稳定的—OH吸附层，抑制了晶体的溶解和生长。当CO_2通入30min时，XRD图谱检测到球霰石特征峰。随着CO_2通入时间的延长，方解石的衍射峰强度减弱，而球霰石的衍射峰强度增强。当CO_2通入122min时，溶液pH为8，最终产物为方解石和球霰石的混合物。因此，乙二醇的添加对$CaCO_3$的晶型转变路径无显著影响。另外，可以推断，继续通入CO_2也很难得到单一晶型的$CaCO_3$晶体，因为pH<8时会发生$CaCO_3$晶体的溶解[178]。

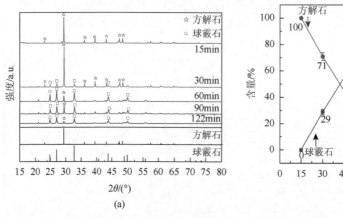
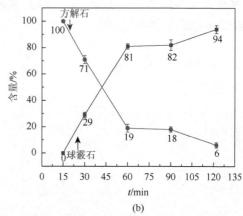

(a)　　(b)

图9.17　添加乙二醇溶液在不同CO_2通入时间下所得产物的XRD图谱及其各晶相含量（以质量分数计）

　　图9.18为添加乙二醇溶液在不同CO_2通入时间下所得产物的SEM图像。图9.19为添加乙二醇溶液碳酸化过程中所得$CaCO_3$的晶型转变途径。由图9.18(a)可知，乙二醇分子诱导具有上部结构形貌的方解石形成。当CO_2通入30min时，球霰石晶体呈现不同的形貌，如球状、片状、梭状等。当CO_2通入122min时，$CaCO_3$以片状球霰石为主要晶体结构，并表现出较强的团聚趋势。由图9.19

(a) 15min　　(b) 30min

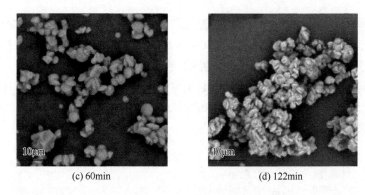

(c) 60min　　　　　　　　(d) 122min

图 9.18　添加乙二醇溶液在不同 CO_2 通入时间下所得产物的 SEM 图像

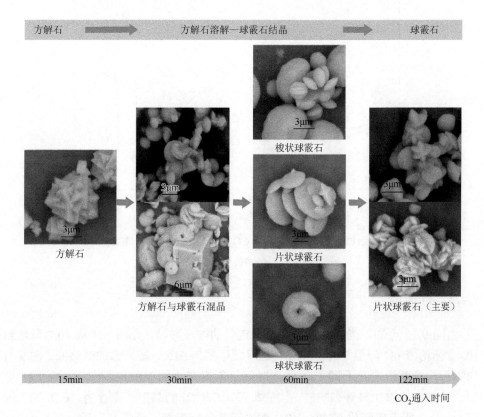

图 9.19　添加乙二醇溶液碳酸化过程中所得 $CaCO_3$ 的晶型转变途径

可知，乙二醇的加入并不改变 $CaCO_3$ 的晶型转变路径，即方解石溶解—球霰石结晶。

　　为探究乙二醇分子对 $CaCO_3$ 形貌及晶型转变的影响机制，对不同 CO_2 通入时间所得 $CaCO_3$ 进行 FTIR 检测，结果如图 9.20 所示。当 CO_2 通入 15min 时，FTIR

检测到方解石的特征峰（712cm^{-1}、872cm^{-1} 和 1412cm^{-1}），1425~1475cm^{-1} 处的宽带对应 CaCO$_3$ 的 CO$_3^{2-}$ 基团；当 CO$_2$ 通入 60min 时，在 1088cm^{-1} 和 745cm^{-1} 处观察到球霰石的特征峰，745cm^{-1} 处的特征峰可用于区分球霰石和方解石。另外，在不同 CO$_2$ 通入时间下所得 CaCO$_3$ 中均发现乙二醇分子的 C—H（2830~2960cm^{-1}）和 O—H（3420cm^{-1}）的伸缩振动峰，表明乙二醇分子在碳酸化过程中与 CaCO$_3$ 发生了配位作用。

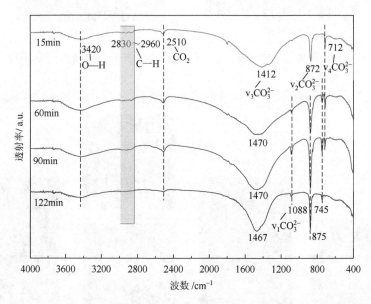

图 9.20　添加乙二醇溶液在不同 CO$_2$ 通入时间下所得产物的 FTIR 图

v_1、v_2、v_3、v_4 指不同振动类型

9.4.2　柠檬酸

由图 9.16 可知，当向溶液中添加一定量的柠檬酸时，溶液 pH 从 10.7 降低到 10.4。当溶液 pH 降至 8 时，溶液中 Ca^{2+} 转化率为 91%，较未添加时略低。图 9.21 为添加柠檬酸溶液在不同 CO$_2$ 通入时间下所得产物的 XRD 图谱。由图 9.21 可知，柠檬酸的添加显著影响气-液-固体系中 CaCO$_3$ 的晶型转变行为。CO$_2$ 通入的前 60min，所得碳酸化产物的 XRD 图谱无晶体衍射峰，分析其为无定形 CaCO$_3$。无定形 CaCO$_3$ 在溶液中为亚稳定相，可以在几分钟内转变为稳定的晶体。因此，柠檬酸的加入抑制了无定形 CaCO$_3$ 的结晶化。当 CO$_2$ 通入 30min 时，在 2θ 为 29.4°处出现方解石衍射特征峰；当 CO$_2$ 通入 95min 时，方解石为主要碳酸化产物。因此，柠檬酸的加入诱导 CaCO$_3$ 产物在碳酸化过程中发生无定形 CaCO$_3$ 向方解石相转变。

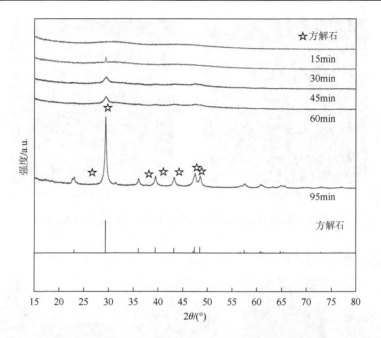

图 9.21　添加柠檬酸溶液在不同 CO_2 通入时间下所得产物的 XRD 图谱

图 9.22 和图 9.23 分别为添加柠檬酸溶液碳酸化所得产物的 SEM 图像和晶型转变途径。当 CO_2 通入 15min 时，无定形 $CaCO_3$ 为球形结构，其平均粒径为 0.3μm；当 CO_2 通入 30min 时，无定形 $CaCO_3$ 粒径逐渐增大，平均粒径为 1μm，呈球形并有明显聚集趋势；当 CO_2 通入 60min 时，无定形 $CaCO_3$ 表面开始出现分枝，分枝围绕核心呈放射状（图 9.23），最后形成由多个束状组成的近球状方解石结构。此外，SEM 观察到存在花状方解石（图 9.22），这些方解石的形成可能由束状方解石的继续生长所致。

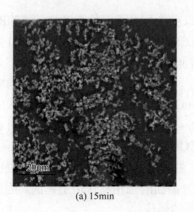

(a) 15min　　　　　　　　　　　　(b) 30min

(c) 60min　　　　　　　　　　　　(d) 95min

图 9.22　添加柠檬酸溶液碳酸化过程中所得产物的 SEM 图像

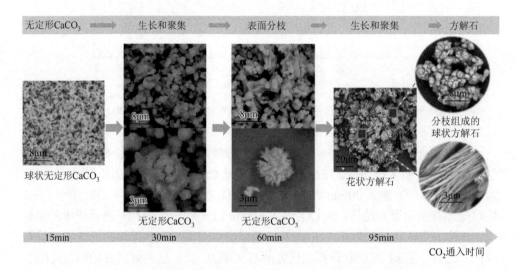

图 9.23　添加柠檬酸溶液碳酸化过程中所得产物的晶型转变途径

　　图 9.24 为添加柠檬酸溶液在不同 CO_2 通入时间下所得产物的 FTIR 图。当 CO_2 通入 15min 时，FTIR 检测到无定形 $CaCO_3$ 的吸收带（$1482cm^{-1}$、$1416cm^{-1}$、$1077cm^{-1}$ 和 $864cm^{-1}$）。随着 CO_2 通入时间的延长，无定形 $CaCO_3$ 的不对称伸缩振动峰（$1482cm^{-1}$ 和 $1416cm^{-1}$）趋于宽平，表明无定形 $CaCO_3$ 趋于不稳定并开始晶化。与此同时，无定形 $CaCO_3$ 在 $864cm^{-1}$ 处的吸收峰向高波数移动（$871cm^{-1}$，对应方解石的吸收峰），表明无定形 $CaCO_3$ 向方解石相转变。此外，不同 CO_2 通入时间下所得产物均发现了柠檬酸分子—COOH 的特征峰（$1700cm^{-1}$，$C = O$ 伸缩振动峰；$3420cm^{-1}$，O—H 伸缩振动峰），并且该峰转移到 $1576cm^{-1}$ 的强度带，这种峰位偏移是由柠檬酸的自由基与 $CaCO_3$ 晶面的强相互作用引起的。因此，可以推断柠檬酸吸附在方解石晶面影响其形貌的形成。

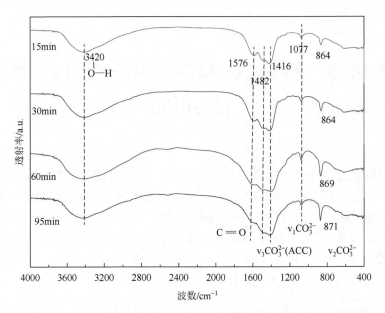

图 9.24　添加柠檬酸溶液在不同 CO_2 通入时间下所得产物的 FTIR 图

ACC 指无定形 $CaCO_3$（amorphous calcium carbonate）

9.5　本 章 小 结

本章探讨了 CO_2 的溶解行为和 $CaCO_3$ 演变规律。基于钢铁行业冶金废气成分组成特性，探究了 CO_2 体积分数对 Ca^{2+} 碳酸化行为、CO_2 捕集能力和碳酸化产物的影响，并通过分子动力学模拟解析了 Ca^{2+}-CO_3^{2-}-NH_4^+-Cl^--H_2O 溶液体系中的各粒子间结合能及其缔合作用方式，最后考察了乙二醇和柠檬酸对溶液碳酸化过程中 CO_2 捕集和 $CaCO_3$ 定向调控生成的可行性。本章所得主要结论如下。

（1）Ca^{2+} 碳酸化过程中，溶液 pH 降低，Ca^{2+}/CO_3^{2-} 不断变化，$CaCO_3$ 产物由菱面体方解石转变为球形球霰石，转变机制为方解石溶解—球霰石结晶。

（2）CO_2 体积分数越低，CO_2 捕集效率越低。当 CO_2 体积分数小于 5% 时，不宜直接进行碳捕集处理。CO_2 体积分数对 $CaCO_3$ 产物的晶型和形貌有影响，高 CO_2 体积分数有利于球霰石形成。另外，$CaCO_3$ 的团聚现象与 CO_2 体积分数正相关。

（3）分子动力学研究表明，Ca^{2+}-CO_3^{2-}-NH_4^+-Cl^--H_2O 溶液体系中 Ca^{2+} 与 CO_3^{2-} 通过离子键进行键合，且相互作用距离约为 4.0Å。随着 CO_2 体积分数的增加，Ca^{2+} 与 CO_3^{2-} 的缔合能力增强，有利于 $CaCO_3$ 大团簇的形成。

（4）乙二醇的加入促进了 $CaCO_3$ 的生成，碳酸化产物为方解石和球霰石的混合物。柠檬酸的加入可改变 $CaCO_3$ 的晶型转变行为，产物由无定形 $CaCO_3$ 转变为方解石。

第 10 章　钙基 CO$_2$ 吸附剂制备及其吸附性能行为研究

《不锈钢渣的铬稳定化控制》[179]中已证明，不锈钢渣经调质处理后，可将 Cr 赋存于稳定的尖晶石相，有望作为普通钢渣资源化利用，并实现在碳捕集领域的应用。本章以调质不锈钢渣浸出液为研究对象，开展钙基 CO$_2$ 吸附剂制备研究。分别采用化学共沉淀法、溶胶-凝胶法和水热法三种方法制备钙基 CO$_2$ 吸附剂，并对不同方法制备所得的钙基 CO$_2$ 吸附剂进行 CO$_2$ 吸附能力的评价，探讨较优的钙基 CO$_2$ 吸附剂制备方法和工艺条件。

10.1　实　验　方　案

10.1.1　钙基 CO$_2$ 吸附剂制备实验

1. 化学共沉淀法

采用《不锈钢渣的铬稳定化控制》中的不锈钢渣调质方法，作者实现了铬在尖晶石相中的稳定化，确保了浸出处理过程中无 Cr 离子溶出。作者以浸出液 Ca-Mg-Si-Al 溶液体系（pH 为 3.3，离子浓度如表 10.1 所示）为研究对象，开展化学共沉淀法制备钙基 CO$_2$ 吸附剂实验研究。在不同温度下（室温、50℃、90℃），向混合溶液中加入过量浓度为 2mol/L 的 (NH$_4$)$_2$CO$_3$ 溶液（156mL 蒸馏水 + 30g 的 (NH$_4$)$_2$CO$_3$）。通过加入 NH$_4$OH 调节溶液 pH 约为 9 和 10，经陈化一定时间（1.5h 和 2h），固、液体分层后进行抽滤。将所得沉淀产物放入烘箱中于 120℃下干燥 4h，分别得到 5 个样品：室温、pH = 9、2h；室温、pH = 10、2h；室温、pH = 10、1.5h；50℃、pH = 10、2h；90℃、pH = 10、2h。将样品放入马弗炉中于 850℃下煅烧 2h，得到钙基 CO$_2$ 吸附剂。

表 10.1　Ca-Mg-Si-Al 溶液体系中各离子浓度（单位：mol/L）

离子	浓度	离子	浓度
Ca^{2+}	0.5	Si^{4+}	0.261
Mg^{2+}	0.147	Al^{3+}	0.011

2. 溶胶-凝胶法

配制出浓度为 0.5mol/L 的柠檬酸溶液,以金属离子和柠檬酸摩尔比分别为 1∶1(37.94g 柠檬酸 + 395mL 蒸馏水)和 1∶1.2(45.52g 柠檬酸 + 474mL 蒸馏水)配置溶液。通过加入 NH_4OH 调节溶液 pH 至 8 和 9,将混合溶液放入水浴锅中于 90℃下加热 12h,待水分蒸干后放入烘箱中于 120℃下干燥 14h,分别得到 3 个样品:金属离子与柠檬酸摩尔比为 1∶1、pH = 8;金属离子与柠檬酸摩尔比为 1∶1.2、pH = 8;金属离子与柠檬酸摩尔比为 1∶1、pH = 9。将所得样品放入马弗炉中于 850℃下煅烧 2h,得到钙基 CO_2 吸附剂。

3. 水热法

加入 NH_4OH 调节溶液 pH 至 9 和 10,将混合溶液放入加压反应釜中在不同温度(120℃和 160℃)下反应(2h 和 4h)。待反应结束后进行抽滤,所得沉淀产物放入烘箱中于 120℃下干燥 4h,分别得到 4 个样品:120℃、pH = 10、2h;160℃、pH = 10、2h;160℃、pH = 9、2h;160℃、pH = 9、4h。所得干燥样品放入马弗炉中于 850℃下煅烧 2h,得到钙基 CO_2 吸附剂。

10.1.2 钙基 CO_2 吸附剂单次/循环吸附实验

在环境压力 1.0atm 下,开展使用卧式管式炉和高温同步热分析仪测试钙基 CO_2 吸附剂的吸附实验,具体测试流程如图 10.1 所示。

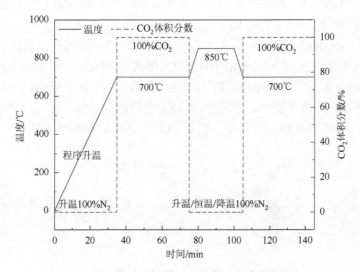

图 10.1 钙基 CO_2 吸附剂单次/循环吸附测试流程图

根据实验所得数据计算钙基 CO_2 吸附剂的碳酸化转化率和单位质量吸附剂 CO_2 吸附量，具体计算方式如下：

$$X_N = \frac{m_N - m_0}{m_0 \cdot a} \times \frac{M_{CaO}}{M_{CO_2}} \times 100\% \qquad (10.1)$$

$$Y_N = \frac{m_N - m_0}{m_0} \qquad (10.2)$$

式中，X_N 为吸附剂碳酸化转化率；Y_N 为单位质量吸附剂 CO_2 吸附量；N 为循环次数；m_0 为吸附剂的初始质量；a 为吸附剂中活性 CaO 的质量分数；m_N 为吸附剂第 N 次循环后的质量；M_{CaO} 为 CaO 的摩尔质量；M_{CO_2} 为 CO_2 的摩尔质量。

10.1.3 关键参数对钙基 CO_2 吸附剂性能的影响

本节分别对通过化学共沉淀法、溶胶-凝胶法和水热法制备的钙基 CO_2 吸附剂进行 CO_2 吸附性能的表征，确定较优的钙基 CO_2 吸附剂制备方法。实验结果表明，相较于其他两种方法，化学共沉淀法制备的钙基 CO_2 吸附剂具有较高的 CO_2 吸附量。因此，本节重点考虑关键参数对通过化学共沉淀法制备所得钙基 CO_2 吸附剂的影响。基于调质钢渣酸浸浸出液成分组成和所得钙基 CO_2 吸附剂的成分特点，本节重点考察不同 Ca/Mg 摩尔比对钙基 CO_2 吸附剂吸附性能的影响。另外，根据冶金烟气成分基本属性，本节评估不同 CO_2 体积分数条件下钙基 CO_2 吸附剂的吸附性能。

1. 不同 Ca/Mg 摩尔比

使用纯度高于 99.9% 的 $CaCl_2$（浓度为 0.5mol/L）和 $MgCl_2$（浓度为 0.25～0.625mol/L）制备 Ca/Mg 摩尔比为 2∶1、4∶1、6∶1 和 8∶1 的 Ca、Mg 混合溶液（体积为 250mL），通过化学共沉淀法制备钙基 CO_2 吸附剂。室温下，向混合溶液中加入过量浓度为 2mol/L 的 $(NH_4)_2CO_3$ 溶液（156mL），并加入 NH_4OH 调节溶液 pH 至 9.8 左右。混合溶液经陈化 1.5h，且固、液体分层后抽滤，将沉淀产物在烘箱中于 120℃ 下干燥 4h，得到钙基 CO_2 吸附剂前驱体，在马弗炉中于 850℃ 下煅烧 2h，得到钙基 CO_2 吸附剂。钙基 CO_2 吸附剂制备流程如图 10.2 所示。

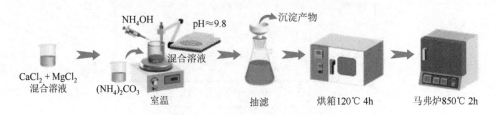

图 10.2　钙基 CO_2 吸附剂制备流程

对抽滤后的滤液进行乙二胺四乙酸（ethylenediaminetetra-acetic acid，EDTA）标液滴定，计算滤液中 Ca^{2+}、Mg^{2+} 含量。将抽滤液定容至 500mL，用移液枪量取 5mL 滤液于锥形瓶中，加入 25mL 去离子水混合均匀。当滴定 Ca^{2+} 含量时，向锥形瓶中加入 10～15mL 的 KOH（浓度为 10g/L）缓冲溶液，使其 pH 为 12.5 左右，再加入约 0.5g 的钙羧酸指示剂，通过 EDTA（浓度为 0.02mol/L）标液滴定，溶液由紫红色变为蓝色即滴定终点；当滴定 Mg^{2+} 含量时，向锥形瓶中加入氨性缓冲溶液（5.4g NH_4Cl + 35mL NH_4OH，定容至 100mL），使其 pH 为 10 左右，再加入 2 滴铬黑 T 指示剂，通过 EDTA（浓度为 0.02mol/L）标液滴定，溶液由紫红色变为蓝色即滴定终点。计算结果如表 10.2 所示，Ca^{2+} 转化率均大于 99%，Mg^{2+} 转化率均大于 93%，实际所得 Ca/Mg 摩尔比与理论摩尔比相近，因此，将钙基 CO_2 吸附剂分别命名 $2CaO \cdot MgO$、$4CaO \cdot MgO$、$6CaO \cdot MgO$ 和 $8CaO \cdot MgO$。

表 10.2　理论与实际 Ca/Mg 摩尔比

理论 Ca/Mg 摩尔比	Ca^{2+} 转化率/%	Mg^{2+} 转化率/%	实际 Ca/Mg 摩尔比
2 : 1	99.84	96.40	2.2 : 1
4 : 1	99.84	95.52	4.1 : 1
6 : 1	99.68	94.24	6.2 : 1
8 : 1	99.68	93.60	8.4 : 1

2. 不同 CO_2 体积分数

实验反应体系中 CO_2 体积分数与相应的平衡体积分数之间的差距是吸附过程进行的主要推动力[180]。在 CO_2 吸附反应条件下，吸附过程不受热力学平衡的限制，反应的推动力近似等于体系中的 CO_2 体积分数。

各类煤气、烟气中 CO_2 体积分数如表 10.3 所示，其共性为 CO_2 体积分数均为 10%～25%。在 700℃时，CaO 碳酸化反应对应 CO_2 的平衡体积分数为 5%[181]，因此模拟各类煤气、烟气中 CO_2 体积分数，并自制模拟气，考虑 CO_2 体积分数为 10%、15% 和 20%。使用高温同步热分析仪，设置升温速率为 20℃/min，气体流量为 50mL/min，将温度升高至 700℃，保温 90min，保温过程中通入混合气体（10% CO_2 + 90% N_2、15% CO_2 + 85% N_2 和 20% CO_2 + 80% N_2）。

表 10.3　各类煤气、烟气中 CO_2 体积分数（单位：%）

类别	CO_2 体积分数	类别	CO_2 体积分数
BOF 煤气	15～20	石灰窑烟气	17.1～22.5
高炉煤气	≈15	加热炉烟气	14.6～15.1

10.1.4 调质钢渣源钙基 CO_2 吸附剂制备及 CO_2 吸附实验

使用纯度高于 99.9% 的 $CaCl_2$（浓度为 0.5mol/L）、$MgCl_2$（浓度为 0.147mol/L）、Na_2SiO_3（浓度为 0.261mol/L）和 $AlCl_3$（浓度为 0.011mol/L）制备酸浸溶液（体积为 250mL）。室温下，向溶液中加入过量的浓度为 2mol/L 的 $(NH_4)_2CO_3$ 溶液（156mL），并加入 NH_4OH 调节溶液 pH 至 9.8 左右。混合溶液经陈化 1.5h，且固、液体分层后抽滤，将沉淀产物在烘箱中于 120℃ 下干燥 4h，得到 CO_2 吸附剂前驱体，在马弗炉中于 850℃ 下煅烧 2h，得到调质钢渣源钙基 CO_2 吸附剂。

对所得调质钢渣源钙基 CO_2 吸附剂分别进行单次和循环 CO_2 吸附实验，具体的实验过程见 10.1.2 节。

10.2 钙基 CO_2 吸附剂制备

10.2.1 热力学计算

通过 HSC Chemistry 6 软件计算的 $CaCl_2$、$MgCl_2$、Na_2SiO_3、$AlCl_3$ 与 $(NH_4)_2CO_3$ 反应热力学数据如表 10.4 所示，并绘制 Ca-Mg-C-H_2O、Ca-Si-C-H_2O、Ca-Al-C-H_2O、Mg-Al-C-H_2O、Mg-Si-C-H_2O 和 Si-Al-C-H_2O 体系的 E-pH 图。如图 10.3

表 10.4 $CaCl_2$、$MgCl_2$、Na_2SiO_3、$AlCl_3$ 与 $(NH_4)_2CO_3$ 反应热力学数据

T/K	$CaCl_2$		$MgCl_2$		Na_2SiO_3		$AlCl_3$	
	ΔH/(J/mol)	ΔG/(J/mol)	ΔH/(J/mol)	ΔG/(J/mol)	ΔH/(J/mol)	ΔG/(J/mol)	ΔH/(J/mol)	ΔG/(J/mol)
298.15	−98038	−99046	−138528	−137189	−92383	−19264	−262243	−324148

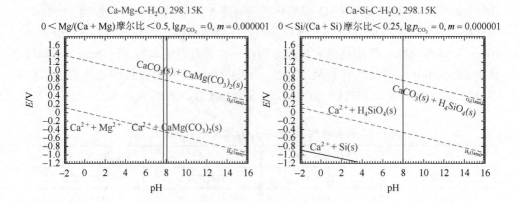

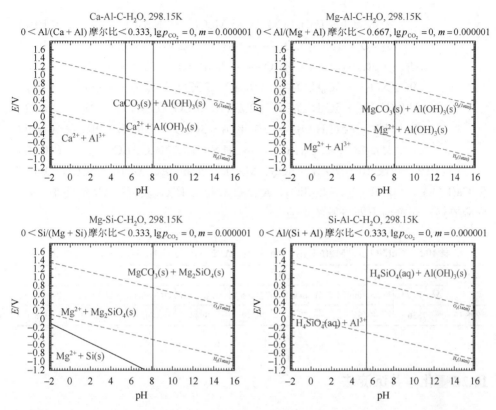

图 10.3　Ca-Mg-C-H₂O、Ca-Si-C-H₂O、Ca-Al-C-H₂O、Mg-Al-C-H₂O、Mg-Si-C-H₂O 和
Si-Al-C-H₂O 体系的 E-pH 图

m 为摩尔浓度（mol/L）

所示，在 Ca-Mg-Si-Al-C-H₂O 溶液体系下，Ca^{2+} 和 Mg^{2+} 均在 pH 为 8 左右开始沉淀，为确保溶液中 Ca^{2+} 和 Mg^{2+} 均能沉淀，并得到较高的 Ca^{2+} 和 Mg^{2+} 转化率，溶液终点 pH 要大于 8.2，此时溶液体系下可能存在的沉淀相为 $CaCO_3$、$Al(OH)_3$、$CaMg(CO_3)_2$ 和 Mg_2SiO_4。

实验选择用 $CaCl_2$、$MgCl_2$、Na_2SiO_3、$AlCl_3$ 配制 Ca-Mg-Si-Al 化学共沉淀法和水热法的溶液体系，利用 $(NH_4)_2CO_3$ 沉淀 Ca^{2+} 和 Mg^{2+}。采用 $Ca(NO_3)_2$、$Mg(NO_3)_2$、$Al(NO_3)_3$ 和 Na_2SiO_3 配置溶胶-凝胶法的溶液体系。根据式（10.3）～式（10.6），利用 $C_6H_8O_7$ 沉淀 Ca^{2+} 和 Mg^{2+} 可以得出 1mol $CaCl_2$ 完全反应需要消耗 1mol $(NH_4)_2CO_3$，1mol $MgCl_2$ 完全反应需要消耗 1mol $(NH_4)_2CO_3$ 的结论。根据式（10.7）～式（10.10）得到溶液中金属阳离子所带正电荷与柠檬酸中羧酸基团所带负电荷的比值为 1∶1。1.8mol $Ca(NO_3)_2$ 完全反应需要消耗 1mol 柠檬酸，1.8mol $Mg(NO_3)_2$ 完全反应需要消耗 1mol 柠檬酸。

$$CaCl_2 + (NH_4)_2CO_3 \longrightarrow CaCO_3 + 2NH_4Cl \qquad (10.3)$$

$$MgCl_2 + (NH_4)_2CO_3 \longrightarrow MgCO_3 + 2NH_4Cl \tag{10.4}$$
$$Na_2SiO_3 + (NH_4)_2CO_3 \longrightarrow Na_2CO_3 + 2NH_3 + H_2SiO_3 \tag{10.5}$$
$$2AlCl_3 + 3(NH_4)_2CO_3 + 3H_2O \longrightarrow 2Al(OH)_3 + 3CO_2 + 6NH_4Cl \tag{10.6}$$
$$9Ca(NO_3)_2 + 5C_6H_8O_7 \longrightarrow 9CaO + 30CO_2 + 20H_2O + 9N_2 \tag{10.7}$$
$$9Mg(NO_3)_2 + 5C_6H_8O_7 \longrightarrow 9MgO + 30CO_2 + 20H_2O + 9N_2 \tag{10.8}$$
$$6Al(NO_3)_3 + 5C_6H_8O_7 \longrightarrow 3Al_2O_3 + 30CO_2 + 20H_2O + 9N_2 \tag{10.9}$$
$$3Na_2SiO_3 + 2C_6H_8O_7 \longrightarrow 3H_2SiO_3 + 2Na_3C_6H_5O_7 \tag{10.10}$$

如表 10.4 和表 10.5 所示，$CaCl_2$、$MgCl_2$、Na_2SiO_3、$AlCl_3$ 与$(NH_4)_2CO_3$ 反应和 $Ca(NO_3)_2$、$Mg(NO_3)_2$、Na_2SiO_3、$Al(NO_3)_3$ 与 $C_6H_8O_7$ 反应的ΔH 值均小于零，反应放热，在室温下即可发生反应。

表 10.5　$Ca(NO_3)_2$、$Mg(NO_3)_2$、Na_2SiO_3、$Al(NO_3)_3$ 与 $C_6H_8O_7$ 反应热力学数据

T/K	$Ca(NO_3)_2$		$Mg(NO_3)_2$		Na_2SiO_3		$Al(NO_3)_3$	
	ΔH/(J/mol)	ΔG/(J/mol)	ΔH/(J/mol)	ΔG/(J/mol)	ΔH/(J/mol)	ΔG/(J/mol)	ΔH/(J/mol)	ΔG/(J/mol)
298.15	−7856	−9455	−8872	−10519	−8643	−8431	−8670	−10520

10.2.2　化学共沉淀法

图 10.4 为不同条件下化学共沉淀法各离子转化率。在室温、pH = 10 和陈化时间为 2h 条件下，Ca^{2+}、Mg^{2+}、Si^{4+} 和 Al^{3+} 具有较高的转化率。根据图 10.4（a）中不同 pH 下各离子转化率，在室温、陈化时间为 2h 条件下适当增大溶液 pH，可以提高 Ca^{2+}、Mg^{2+} 等转化率，从而生成更多的沉淀产物。比较图 10.4（b）中

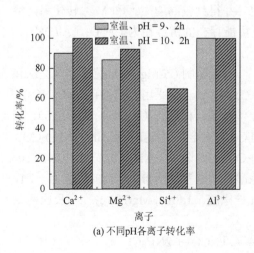

(a) 不同pH各离子转化率

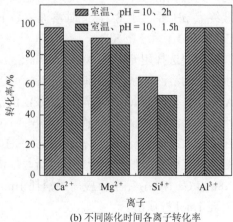

(b) 不同陈化时间各离子转化率

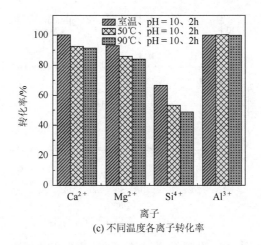

(c) 不同温度各离子转化率

图 10.4　不同条件下化学共沉淀法各离子转化率

不同陈化时间下各离子转化率，在室温、pH = 10 条件下，适当延长陈化时间，可以提高 Ca^{2+}、Mg^{2+} 等转化率，从而生成较多的沉淀产物。根据图 10.4（c）中不同温度下各离子转化率，在 pH = 10、陈化时间为 2h 条件下，随着反应温度的升高，Ca^{2+}、Mg^{2+} 等转化率降低，从而抑制沉淀产物的生成。

图 10.5（a）为室温、陈化时间为 2h、pH = 10 与 pH = 9 条件制备吸附剂的 XRD 图谱，吸附剂的主要矿相为 CaO、Al_2O_3、MgO 和 Ca_2SiO_4。与 pH = 9 相比，pH = 10 条件下的 CaO 具有较强的衍射峰，结晶度较好。但 pH 变化对吸附剂的结晶度影响不明显。图 10.5（b）为室温、陈化时间为 1.5h 和 pH = 10 条件制备吸附剂的 XRD 图谱，此条件下制备的吸附剂的衍射峰强度高于其他样品，说明吸附剂的结晶度较好。图 10.5（c）为 50℃和 90℃、陈化时间为 2h、pH = 10 条件制

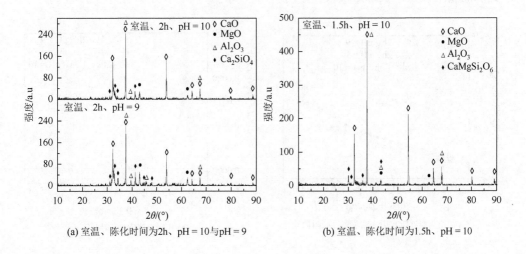

(a) 室温、陈化时间为2h、pH = 10与pH = 9　　　　　(b) 室温、陈化时间为1.5h、pH = 10

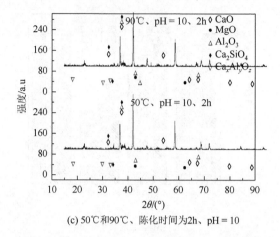

(c) 50℃和90℃、陈化时间为2h、pH = 10

图 10.5　化学共沉淀法制备吸附剂的 XRD 图谱

备吸附剂的 XRD 图谱，结合图 10.5（a）中室温、陈化时间为 2h、pH = 10 条件制备吸附剂的 XRD 图谱，随着温度的升高，吸附剂中出现了 $Ca_xAl_yO_z$ 新矿相，CaO 的衍射峰强度相差不大，说明改变反应温度对吸附剂的结晶度影响不明显。

　　如图 10.6 所示，CO_2 吸附剂的吸附-脱附曲线都是Ⅳ型。结合图 10.6（a）和表 10.6 可得在室温、陈化时间为 2h、pH = 10 条件下制备的吸附剂具有较大的比表面积和孔体积，而图 10.6（c）和表 10.6 说明在 50℃和 90℃、陈化时间为 2h、pH = 10 条件下制备的吸附剂的比表面积和孔体积均大于室温、陈化时间为 2h、pH = 10 条件下制备的吸附剂。由图 10.6（b）和（d）及表 10.6 可以看出样品的孔径均为 5～20nm，说明样品主要由介孔组成。在 50℃、陈化时间为 2h、pH = 10 条件下制备的吸附剂在同等压力下有较大的孔体积和孔径、比表面积，吸附剂有更多的吸附位点，吸附量较大。

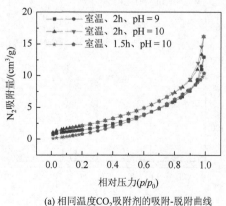

(a) 相同温度CO_2吸附剂的吸附-脱附曲线

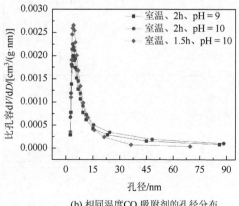

(b) 相同温度CO_2吸附剂的孔径分布

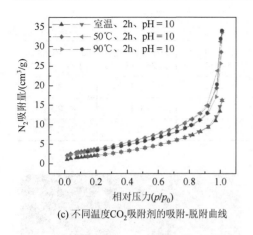

(c) 不同温度CO_2吸附剂的吸附-脱附曲线

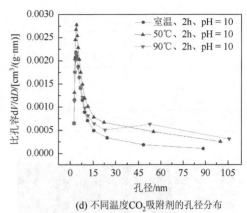

(d) 不同温度CO_2吸附剂的孔径分布

图 10.6　相同温度及不同温度 CO_2 吸附剂的吸附-脱附曲线和孔径分布

表 10.6　CO_2 吸附剂的孔隙结构参数（一）

参数	室温、陈化时间为 2h、pH = 9	室温、陈化时间为 2h、pH = 10	室温、陈化时间为 1.5h、pH = 10	50℃、陈化时间为 2h、pH = 10	90℃、陈化时间为 2h、pH = 10
比表面积/(m²/g)	5.978	8.375	6.506	14.344	12.924
孔径/nm	9.195	9.397	6.965	12.524	14.609
孔体积/(cm³/g)	0.023	0.028	0.021	0.056	0.056

　　从表 10.7 中的各元素含量可以看出，室温下升高 pH 可以使制备的吸附剂 Ca 含量升高，提高反应温度可以提高吸附剂的 Ca 含量，缩短陈化时间却会出现 Ca 含量减少的现象。图 10.7 表明升高反应温度和 pH 对 CO_2 吸附剂的表面形貌有较大影响，且 Ca、Mg、Si、Al 和 O 五种元素均匀分布在吸附剂中。结合表 10.6 中的数据可知，陈化时间为 2h、pH = 10、50℃和 90℃条件下制备的吸附剂具有较大的比表面积和孔体积，吸附剂呈现疏松多孔的表面形貌，而陈化时间为 2h、pH = 10、室温条件下制备的吸附剂有较小的比表面积和孔体积，吸附剂呈现致密光滑的表面形貌。在 CO_2 吸附反应过程中，疏松多孔的表面结构有利于 CO_2 扩散到吸附剂内部，进而与内部吸附剂发生反应，提高了吸附剂内 CaO 的利用效率，从而提高了单位质量吸附剂的 CO_2 吸附能力。

表 10.7　CO_2 吸附剂 SEM-EDS 各元素含量（一）（以原子分数计，单位：%）

元素	室温、陈化时间为 2h、pH = 9	室温、陈化时间为 2h、pH = 10	室温、陈化时间为 1.5h、pH = 10	50℃、陈化时间为 2h、pH = 10	90℃、陈化时间为 2h、pH = 10
Ca	13.3	16.2	15.2	20.5	20.3
Mg	10.1	6.5	6.4	4.0	4.5

元素	室温、陈化时间为2h、pH = 9	室温、陈化时间为2h、pH = 10	室温、陈化时间为1.5h、pH = 10	50℃、陈化时间为2h、pH = 10	90℃、陈化时间为2h、pH = 10
Si	7.1	5.2	4.7	2.6	3.0
Al	0.8	0.5	0.4	0.4	0.5
O	68.7	71.6	73.3	72.5	71.7

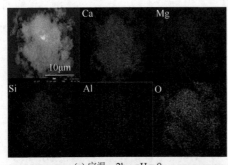

(a) 室温、2h、pH = 9

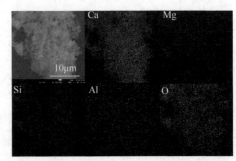

(b) 室温、2h、pH = 10

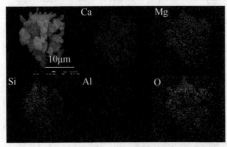

(c) 室温、1.5h、pH = 10

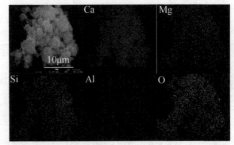

(d) 50℃、2h、pH = 10

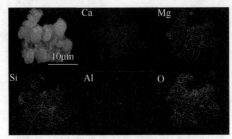

(e) 90℃、2h、pH = 10

图 10.7　化学共沉淀法制备 CO_2 吸附剂的 SEM 图像（扫封底二维码可见彩图）

10.2.3　溶胶-凝胶法

图 10.8 为溶胶-凝胶法各离子转化率，在金属阳离子与柠檬酸摩尔比为 1∶1、pH = 9 的条件下制备出的吸附剂具有较高的 Ca^{2+}、Mg^{2+}、Si^{4+} 和 Al^{3+} 转化率，对比金属阳离子与柠檬酸摩尔比为 1∶1、pH = 8 和金属阳离子与柠檬酸摩尔比为 1∶1、pH = 9 的各离子转化率，增大溶液 pH，可以提高 Ca^{2+}、Mg^{2+} 等转化率，使 Ca^{2+}、Mg^{2+} 更多地转化为沉淀，制备 CO_2 吸附剂。对比金属阳离子与柠檬酸摩尔比为 1∶1、pH = 8 和金属阳离子与柠檬酸摩尔比为 1∶1.2、pH = 8 的各离子转化率，在 pH = 8 的条件下增加柠檬酸的用量对增加离子转化率影响不明显。

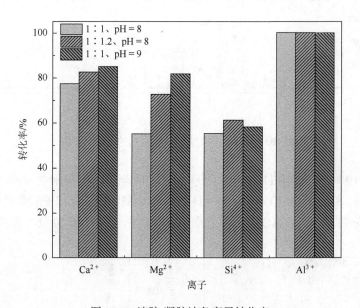

图 10.8　溶胶-凝胶法各离子转化率

图 10.9 为溶胶-凝胶法制备吸附剂的 XRD 图谱，主要矿相为 CaO、Al_2O_3、MgO 和其他钙镁硅酸盐。CaO 具有明显的衍射峰，在金属阳离子与柠檬酸摩尔比为 1∶1、pH = 9 条件下制备的 CO_2 吸附剂具有较强的衍射峰，说明此条件下结晶度较好，形成的晶粒较大。对比金属阳离子与柠檬酸摩尔比为 1∶1、pH = 9 和金属阳离子与柠檬酸摩尔比为 1∶1.2、pH = 8 制备吸附剂的 XRD 图谱，随着柠檬酸用量的增加，硅酸盐矿相衍射峰强度降低，CaO 的衍射峰强度相差不大，结晶度较好。对比金属阳离子与柠檬酸摩尔比为 1∶1、pH = 8 和 pH = 9 条件制备的吸

附剂 XRD 图谱，随着溶液 pH 增大，吸附剂中出现 $Ca_xAl_ySiO_4$ 相，CaO 的衍射峰较强，结晶度较好。

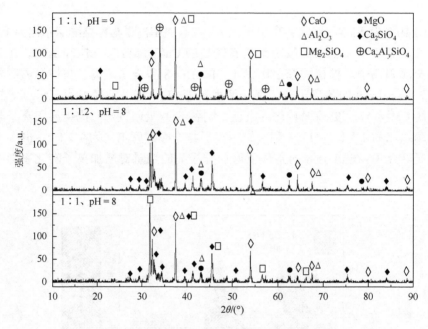

图 10.9 溶胶-凝胶法制备吸附剂的 XRD 图谱

如图 10.10 和图 10.11 所示，CO_2 吸附剂的等温吸附-脱附曲线都是Ⅳ型，属于介孔材料。结合图 10.10 和表 10.8 可以看出，金属阳离子与柠檬酸摩尔比为 1∶1、pH = 8 制备的吸附剂具有较大的比表面积和孔体积。由图 10.10（b）和图 10.11（b）

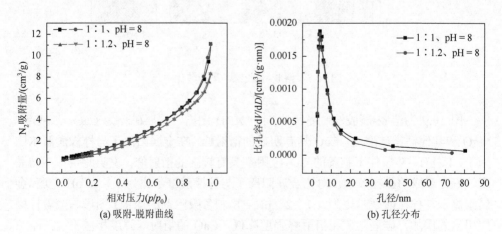

(a) 吸附-脱附曲线　　　　　(b) 孔径分布

图 10.10 不同柠檬酸用量 CO_2 吸附剂的等温吸附-脱附曲线和孔径分布

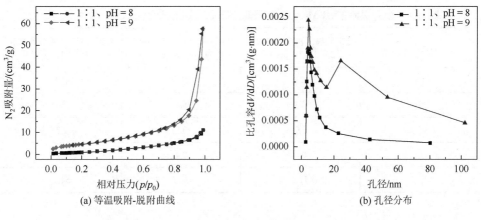

(a) 等温吸附-脱附曲线　　　　　　(b) 孔径分布

图 10.11　不同 pH CO_2 吸附剂的等温吸附-脱附曲线和孔径分布

表 10.8　CO_2 吸附剂的孔隙结构参数（二）

参数	金属阳离子和柠檬酸摩尔比为 1∶1，pH = 8	金属阳离子和柠檬酸摩尔比为 1∶1.2，pH = 8	金属阳离子和柠檬酸摩尔比为 1∶1，pH = 9
比表面积/(m²/g)	4.421	3.62	17.548
孔径/nm	8.93	7.645	17.738
孔体积/(cm³/g)	0.021	0.016	0.094

得知，孔径主要集中在 5～10nm，其中，金属阳离子与柠檬酸摩尔比为 1∶1、pH = 9 条件下制备的吸附剂在孔径为 20～30nm 处出现第二峰，这可能导致该吸附剂的吸附量大于其他样品。由图 10.11 可得，在金属阳离子与柠檬酸摩尔比为 1∶1、pH = 9 条件下制备的吸附剂 N_2 吸附量最大，结合表 10.8 可得，金属阳离子与柠檬酸摩尔比为 1∶1、pH = 9 制备出的吸附剂具有较大的比表面积和孔体积，吸附剂有更多的吸附电位，吸附量更大。

从表 10.9 中各元素含量可以看出，调高 pH 可以使制备的吸附剂 Ca 含量升高，提高柠檬酸的用量对吸附剂 Ca 含量的增加影响不明显。图 10.12 表明提高溶液 pH 和控制金属阳离子与柠檬酸摩尔比为 1∶1 的条件对吸附剂的表面形貌有较大影响，使 Ca、Mg、Si、Al 和 O 五种元素均匀分布在吸附剂中。结合表 10.8 可得，在金属阳离子与柠檬酸摩尔比为 1∶1、pH = 9 条件下制备的吸附剂具有较大的比表面积和孔体积，可以使 CO_2 吸附剂的孔隙增大，形成具有较多孔洞的网状结构。在 CO_2 吸附反应过程中，疏松多孔的表面结构有利于 CO_2 扩散到吸附剂内部，进而与内部吸附剂发生反应，提高了吸附剂内 CaO 的利用效率，从而提高了单位质量吸附剂的 CO_2 吸附能力。

表 10.9　CO₂ 吸附剂 SEM-EDS 各元素含量（二）（以原子分数计，单位：%）

元素	金属阳离子和柠檬酸摩尔比为 1 : 1、pH = 8	金属阳离子和柠檬酸摩尔比为 1 : 1.2、pH = 8	金属阳离子和柠檬酸摩尔比为 1 : 1、pH = 9
Ca	22.6	21.0	41.6
Mg	4.3	5.1	2.9
Si	1.7	0.8	1.2
Al	0.4	0.4	0.2
O	71.0	72.7	54.1

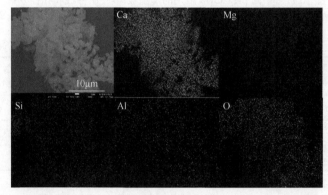

(a) 1 : 1、pH = 8

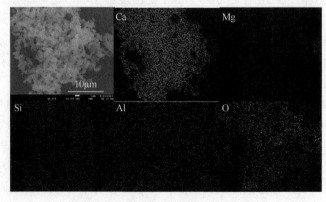

(b) 1 : 1.2、pH = 8

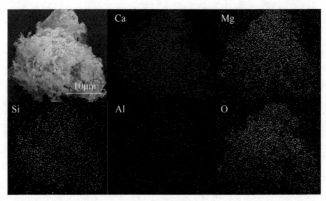

(c) 1：1、pH = 9

图 10.12　溶胶-凝胶法制备 CO₂ 吸附剂的 SEM 图像（扫封底二维码可见彩图）

10.2.4　水热法

图 10.13 为不同条件下水热法各离子转化率，在 160℃、反应时间为 2h、pH = 9 的条件下制备出的吸附剂 Ca^{2+}、Mg^{2+}、Si^{4+} 和 Al^{3+} 转化率较高。由图 10.13（a）可知，在 pH = 10、反应时间为 2h 条件下适当升高反应温度可以增加各离子转化率。比较图 10.13（b）中不同 pH 下的各离子转化率，在 160℃、反应时间为 2h 条件下改变溶液 pH 对 Ca^{2+}、Mg^{2+}、Si^{4+} 和 Al^{3+} 转化率提升不明显。图 10.13（c）中不同反应时间的各离子转化率表明，在 160℃、pH = 9 条件下随着反应时间的延长，Ca^{2+} 转化率降低，抑制沉淀产物的生成。

图 10.14 为水热法制备吸附剂的 XRD 图谱，主要矿相为 CaO、Al_2O_3、MgO 和其他钙镁硅酸盐，CaO 具有明显的衍射峰。对比 120℃ 和 160℃、反应时间为 2h、pH = 10 条件下制备的 CO₂ 吸附剂，CaO 的衍射峰强度相差不大，说明改变反应温度

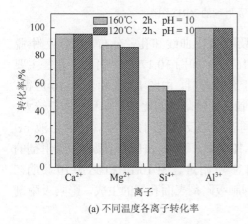

(a) 不同温度各离子转化率

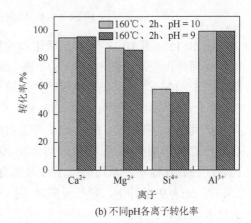

(b) 不同pH各离子转化率

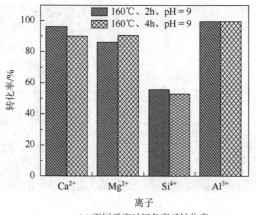

(c) 不同反应时间各离子转化率

图 10.13　不同条件下水热法各离子转化率

对吸附剂的结晶度影响不明显。与 160℃、反应时间为 2h、pH = 9 相比，延长反应时间为 4h，吸附剂的 CaO 衍射峰强度较低，结晶度变差。在 160℃、反应时间为 2h 条件下，对比 pH 分别为 9 和 10，随 pH 增加，CaO 的衍射峰强度更高，结晶度更好。

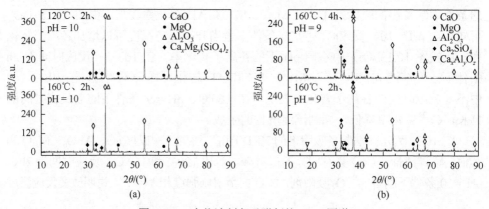

图 10.14　水热法制备吸附剂的 XRD 图谱

图 10.15～图 10.17 为 CO_2 吸附剂的吸附-脱附曲线和孔径分布，CO_2 吸附-脱附曲线都是IV型，由图 10.15（b）、图 10.16（b）和图 10.17（b）可知，孔径主要集中在 5～10nm，说明制备的吸附剂均属于介孔材料。由图 10.15 和表 10.10 可得，在 160℃、反应时间为 2h、pH = 10 条件下制备的吸附剂的比表面积和孔体积较大，具有更大的 N_2 吸附量。图 10.16 表明相同温度和反应时间条件下，增大溶液 pH 会减小 CO_2 吸附剂 N_2 吸附量，结合表 10.10 可知，增大 pH 同时减小了吸附剂的比表面积和孔体积，从而降低了吸附剂的 N_2 吸附量。图 10.17 和表 10.10 说明在 160℃、pH = 9 条件下，延长反应时间会抑制吸附剂表面孔洞的生成，影响吸附剂的比表面积和孔体积。

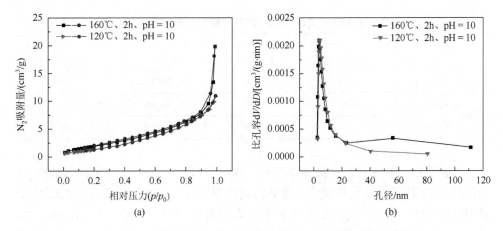

图 10.15　不同温度 CO_2 吸附剂的吸附-脱附曲线和孔径分布

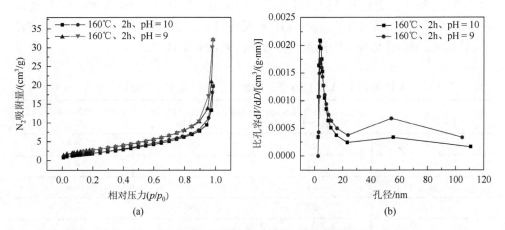

图 10.16　不同 pH CO_2 吸附剂的吸附-脱附曲线和孔径分布

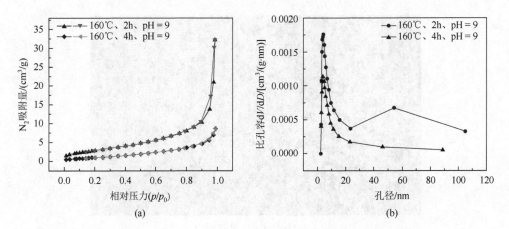

图 10.17　不同反应时间 CO_2 吸附剂的吸附-脱附曲线和孔径分布

表 10.10   CO$_2$ 吸附剂的孔隙结构参数（三）

参数	120℃、反应时间为 2h、pH = 10	160℃、反应时间为 2h、pH = 10	160℃、反应时间为 2h、pH = 9	160℃、反应时间为 4h、pH = 9
比表面积/(m^2/g)	5.564	7.655	10.706	3.906
孔径/nm	8.018	11.653	16.485	9.897
孔体积/(cm^3/g)	0.02	0.034	0.0523	0.015

从表 10.11 中各元素含量可以看出，160℃和反应时间为 2h 条件下调高 pH 会使制备的吸附剂 Ca 含量减少，而升高反应温度可以大幅增加吸附剂 Ca 含量。图 10.18 表明，升高温度对 CO$_2$ 吸附剂的表面形貌有较大影响，使 Ca、Mg、Si、Al 和 O 五种元素分布更均匀。结合表 10.10 的数据可知，160℃、pH = 9 和反应时间为 2h 条件下制备的吸附剂具有较大的比表面积和孔体积，吸附剂呈现疏松多孔的表面形貌，而 120℃、pH = 10 和反应时间为 2h 条件下制备的吸附剂有较小的比表面积和孔体积，吸附剂颗粒较小，表面光滑致密。

表 10.11   CO$_2$ 吸附剂 SEM-EDS 各元素含量（三）（以原子分数计，单位：%）

元素	120℃、反应时间为 2h、pH = 10	160℃、反应时间为 2h、pH = 10	160℃、反应时间为 2h、pH = 9
Ca	15.3	22.6	23.1
Mg	3.4	1.9	6.4
Si	7.1	1.8	0.6
Al	0.7	0.4	0.1
O	73.5	73.3	69.8

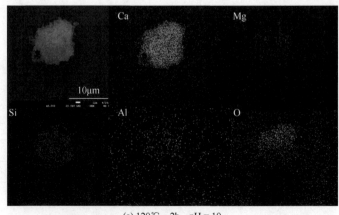

(a) 120℃、2h、pH = 10

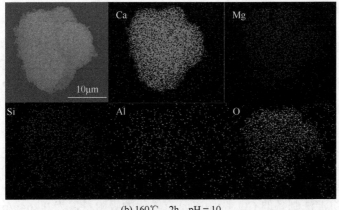

(b) 160℃、2h、pH = 10

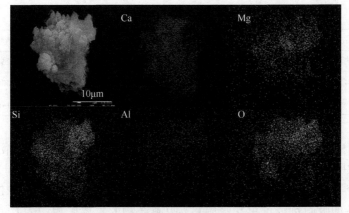

(c) 160℃、2h、pH = 9

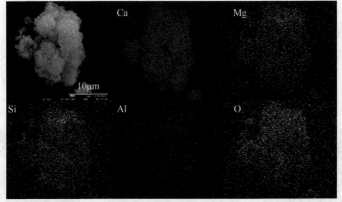

(d) 160℃、4h、pH = 9

图 10.18　水热法制备 CO₂ 吸附剂的 SEM 图像（扫封底二维码可见彩图）

10.3　钙基 CO_2 吸附剂性能表征

本节选取化学共沉淀法（50℃、pH＝10 和陈化时间为 2h）、溶胶-凝胶法（金属阳离子与柠檬酸摩尔比为 1∶1 和 pH＝9）、水热法（160℃、pH＝9 和反应时间为 2h）制备的 CO_2 吸附剂进行 CO_2 单次吸附和循环吸附实验。

10.3.1　CO_2 单次吸附性能表征

不同方法制备 CO_2 吸附剂单次吸附的 CO_2 吸附量如表 10.12 所示，结果表明，采用化学共沉淀法制备的 CO_2 吸附剂具有较优的吸附量，为 0.264g/g。

表 10.12　CO_2 吸附剂单次吸附的 CO_2 吸附量

制备方法	条件	CO_2 吸附量/(g/g)
化学共沉淀法	50℃、陈化时间为 2h、pH＝10	0.264
溶胶-凝胶法	金属阳离子与柠檬酸摩尔比为 1∶1、pH＝9	0.004
水热法	160℃、反应时间为 2h、pH＝9	0.146

图 10.19（a）～（f）分别为化学共沉淀法、溶胶-凝胶法和水热法制备吸附剂经过单次吸附并煅烧前后的 SEM 图像。图 10.20（a）～（c）分别为化学共沉淀法、溶胶-凝胶法和水热法制备吸附剂经过单次吸附并煅烧后的 XRD 图谱。三种方法制备的吸附剂经过单次吸附后，吸附产物的主要矿相均为 CaO、$CaCO_3$、Al_2O_3、MgO 和 Ca_2SiO_4。与吸附前吸附剂中所含矿相对比，MgO、Al_2O_3 和 Ca_2SiO_4 作为惰性组分并未参与碳酸化反应过程。化学共沉淀法制备的吸附剂表面有较多孔洞，表面形貌较为疏松，经过单次吸附煅烧后，吸附剂由内至外生成碳酸盐产物，外表面被碳酸盐覆盖，呈块状结构。溶胶-凝胶法制备的吸附剂表现为网状结构，表面疏松多孔、结构较为蓬松，在单次吸附煅烧后失去网状结构，呈现致密光滑的表面形貌。水热法制备的吸附剂在单次吸附煅烧后发生熔合、黏结，形成

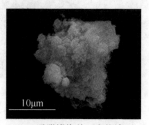

(a) 吸附煅烧前（化学共沉淀法）　　(b) 吸附煅烧前（溶胶-凝胶法）　　(c) 吸附煅烧前（水热法）

(d) 吸附煅烧后（化学共沉淀法）　　(e) 吸附煅烧后（溶胶-凝胶法）　　(f) 吸附煅烧后（水热法）

图 10.19　化学共沉淀法、溶胶-凝胶法和水热法制备吸附剂经过单次吸附并煅烧前后的 SEM 图像

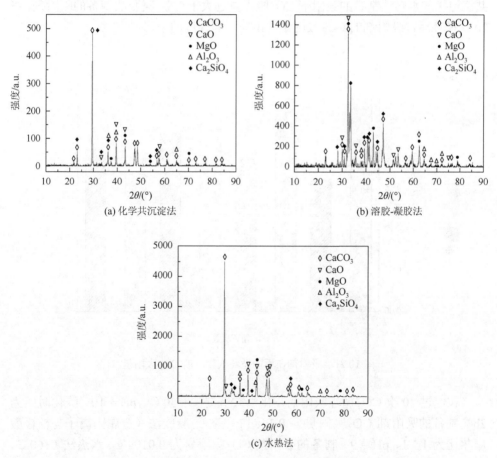

图 10.20　化学共沉淀法、溶胶-凝胶法和水热法制备吸附剂经过单次吸附并煅烧后的 XRD 图谱

大的、不规则块状颗粒，表面细小颗粒消失，孔隙结构减少。在单次吸附煅烧后，相比溶胶-凝胶法和水热法制备的吸附剂，化学共沉淀法制备的吸附剂有更多的表面细小颗粒，孔隙更加发达，形貌结构更加蓬松。

10.3.2　CO₂循环吸附性能表征

化学共沉淀法、溶胶-凝胶法和水热法制备的吸附剂在不同循环次数下的CO_2吸附量如图 10.21 所示，随着循环次数的增加，不同方法制备的吸附剂的CO_2吸附量差异较大。化学共沉淀法在 50℃、pH = 10、陈化时间为 2h 条件下制备的吸附剂初次CO_2吸附量较大，为 0.258g/g。溶胶-凝胶法在金属阳离子与柠檬酸摩尔比为 1∶1、pH = 9 条件下制备的吸附剂初次CO_2吸附量较小，为 0.005g/g。化学共沉淀法和水热法制备的吸附剂CO_2吸附量远大于溶胶-凝胶法制备的吸附剂，在 20 次循环后，吸附剂的CO_2吸附量均出现不同程度的下降。

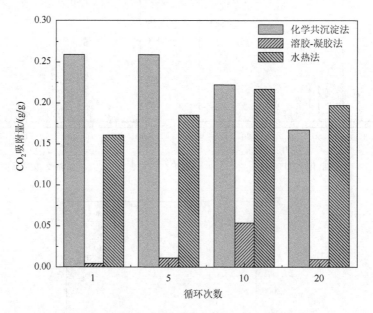

图 10.21　吸附剂在不同循环次数下的CO_2吸附量

在经过 20 次CO_2循环吸附后，化学共沉淀法（50℃、pH = 10、陈化时间为 2h）制备的吸附剂CO_2吸附量为 0.168g/g，溶胶-凝胶法（金属阳离子与柠檬酸摩尔比为 1∶1、pH = 9）制备的吸附剂CO_2吸附量为 0.010g/g，水热法（160℃、pH = 9、反应时间为 2h）制备的吸附剂CO_2吸附量为 0.200g/g。化学共沉淀法制备的吸附剂CO_2吸附量呈逐渐降低趋势，溶胶-凝胶法和水热法制备的吸附剂CO_2吸附量则呈先增加后降低的趋势，这属于CO_2吸附剂的自活化现象。吸附剂在碳酸化/煅烧过程中同时进行两种传质过程：一种是体积传质过程，发生在吸附剂外部形成软骨架；另一种是离子扩散传质过程，发生在吸附剂内部并形成硬骨架。软骨架具有 CO$_2$ 吸附活性；硬骨架不具有 CO$_2$ 吸附活性，而在吸附剂内部起到了支撑作用，减缓了吸附剂的烧结、磨损和粉化，在之后的吸附和脱附过程中，硬骨架逐渐转变为具有 CO$_2$ 吸附活性的软骨架，惰性组分 MgO 的加入也有助于延长 CO$_2$ 吸附剂的自活化循环，使前几个循环中 CO$_2$ 吸附能力逐渐提高。

10.4　关键参数对钙基 CO$_2$ 吸附剂的单次吸附性能研究

10.4.1　不同 Ca/Mg 摩尔比

1. 结构特征分析

图 10.22 为 Ca、Mg 模拟液制备的钙基 CO$_2$ 吸附剂前驱体的热重（thermogravimetry，TG）法-差示扫描量热（differential scanning calorimetry，DSC）法测试结果，前驱体在升温过程中经历了 3 个失重平台，对应热流量曲线中的 3 个峰。在 300℃之前的失重平台对应前驱体中结晶水的脱除，300～500℃的失重平台对应 MgCO$_3$ 的分解，在 700℃左右的失重平台对应 CaCO$_3$ 的分解。因此，为了保证不锈钢渣钙基 CO$_2$ 吸附剂前驱体和 Ca、Mg 模拟液制备的钙基 CO$_2$ 吸附剂前驱体中的 CaCO$_3$ 完全煅烧为 CaO，选用 850℃作为前驱体的煅烧温度。

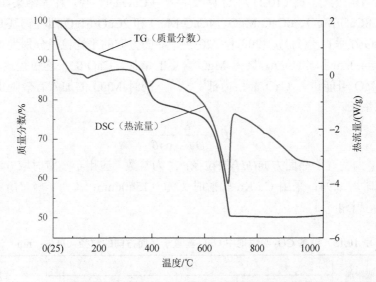

图 10.22　Ca、Mg 模拟液制备钙基 CO$_2$ 吸附剂前驱体的热失重曲线与热流量曲线

Ca、Mg 模拟液制备的钙基 CO$_2$ 吸附剂的 XRD 图谱如图 10.23 所示，吸附剂

的主要矿相为 CaO 和 MgO，CaO 和 MgO 具有明显且独立的衍射峰，随着 MgO 含量的增加，CaO 衍射峰的强度逐渐减弱，导致 CaO 结晶度变差，粒径变小。

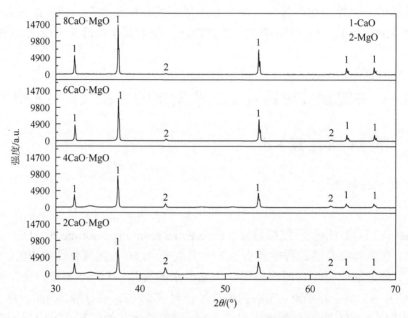

图 10.23　Ca、Mg 模拟液制备钙基 CO_2 吸附剂的 XRD 图谱

通过谢乐公式 [式（10.11）] 计算吸附剂中 CaO 的粒径，计算结果如表 10.13 所示。在 8CaO·MgO、6CaO·MgO、4CaO·MgO 和 2CaO·MgO 四种钙基 CO_2 吸附剂中，CaO 在垂直于(111)、(200)和(220)三个晶面方向的平均粒径分别为 49.2nm、48.9nm、44.0nm 和 42.2nm。随着 MgO 含量的增加，CaO 的平均粒径逐渐减小，少部分 MgO 可能进入 CaO 晶格内部[182, 183]，同时 MgO 的加入有效阻止了 CaO 的团聚和生长。

$$\beta = \frac{K \cdot \lambda}{D_{hkl} \cdot \cos\theta} \qquad (10.11)$$

式中，D_{hkl} 为垂直于晶面方向(hkl)的粒径；K 为常数，应用半高宽时取 0.89，应用积分宽度时取 0.94；采用 Cu-Kα 辐射时 λ 为 0.15406nm；β 为半峰宽所对应的弧度；θ 为衍射角。

表 10.13　钙基 CO_2 吸附剂中 CaO 垂直于晶面方向的粒径（单位：nm）

钙基 CO_2 吸附剂	D_{hkl}			$\bar{D}$
	(111)	(200)	(220)	
CaO	53.0	49.0	39.6	47.2
8CaO·MgO	55.9	51.2	40.3	49.2

续表

钙基 CO_2 吸附剂	D_{hkl}			$\bar{D}$
	(111)	(200)	(220)	
6CaO·MgO	55.9	50.7	40.0	48.9
4CaO·MgO	50.5	45.9	35.6	44.0
2CaO·MgO	48.5	43.8	34.3	42.2

如图 10.24 所示，钙基 CO_2 吸附剂的等温吸附-脱附曲线均为Ⅳ型，孔径主要集中在 8nm 左右，属于介孔材料。表 10.14 所示的结构特征参数表明，与其他吸附剂相比，4CaO·MgO 和 6CaO·MgO 吸附剂具有较大的比表面积和孔体积，比表面积越大，吸附剂表面提供的吸附位点越多，吸附能力也越强。

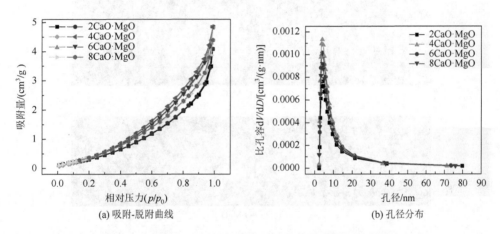

(a) 吸附-脱附曲线　　　　　　　　(b) 孔径分布

图 10.24　钙基 CO_2 吸附剂的等温吸附-脱附曲线和孔径分布

表 10.14　钙基 CO_2 吸附剂的结构特征参数

钙基 CO_2 吸附剂	比表面积/(m²/g)	孔径/nm	孔体积/(cm³/g)
2CaO·MgO	1.48	8.66	0.0077
4CaO·MgO	2.32	7.47	0.0097
6CaO·MgO	1.96	7.93	0.0094
8CaO·MgO	1.93	7.89	0.0085

图 10.25 所示的钙基 CO_2 吸附剂的 SEM-EDS 图表明，不同含量 MgO 的加入对钙基 CO_2 吸附剂的表面形貌有较大影响，且 Ca、Mg 和 O 三种元素均匀分布在吸附剂中。结合表 10.14 中的数据可知，4CaO·MgO 和 6CaO·MgO 吸附剂具有较大的比表面积和孔体积，吸附剂呈现疏松多孔的表面形貌，而 2CaO·MgO 和

8CaO·MgO 吸附剂具有较小的比表面积和孔体积，吸附剂呈现致密光滑的表面形貌。在 CO_2 吸附反应过程中，疏松多孔的表面结构有利于 CO_2 扩散到吸附剂内部，进而与内部吸附剂发生反应，提高吸附剂内 CaO 的利用效率，从而提高单位质量吸附剂的 CO_2 吸附能力。

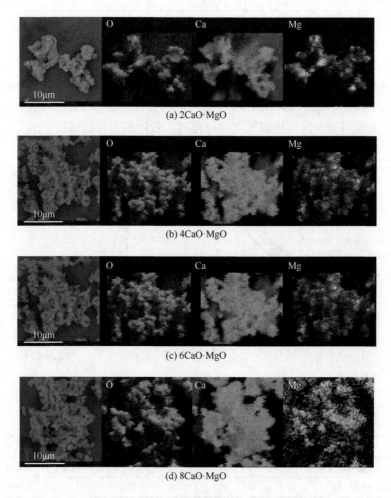

(a) 2CaO·MgO

(b) 4CaO·MgO

(c) 6CaO·MgO

(d) 8CaO·MgO

图 10.25　钙基 CO_2 吸附剂的 SEM-EDS 图

2. CO_2 吸附性能表征

常压下，$MgCO_3$ 在 410℃ 左右分解为 MgO 和 CO_2。在设定的实验条件下，钙基 CO_2 吸附剂吸附 CO_2 的温度为 700℃，脱附 CO_2 的温度为 850℃，均远高于 $MgCO_3$ 的分解温度。将纯 CaO 和 MgO 粉末通过压样机压块处理，制备的 CaO·MgO

块状吸附剂具有清晰明显的界面。如图 10.26 所示，在 700℃下，CaO 与 CO_2 发生碳酸化反应，而 MgO 未与 CO_2 发生反应，因此 MgO 是惰性组分[184]。

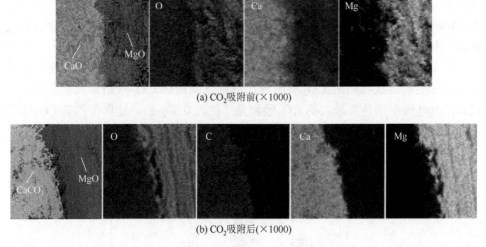

(a) CO_2 吸附前(×1000)

(b) CO_2 吸附后(×1000)

图 10.26　CaO·MgO 块状吸附剂在 CO_2 吸附前后的 SEM-EDS 图

　　图 10.27 为钙基 CO_2 吸附剂在单次较长时间下的 CO_2 吸附量，CO_2 吸附量呈现先快速增加后趋于平缓的变化趋势。在前 20min 时，钙基 CO_2 吸附剂的 CO_2 吸

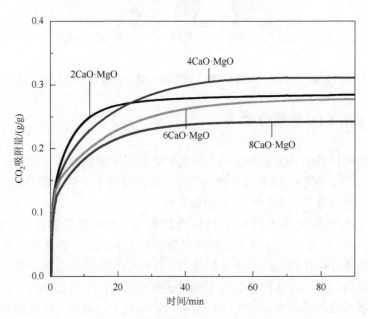

图 10.27　钙基 CO_2 吸附剂在单次较长时间下的 CO_2 吸附量

附量随 MgO 含量的增加而增加。在第 20min 时，2CaO·MgO 吸附剂具有最高的 CO_2 吸附量，为 0.27g/g，说明 MgO 含量的增加有利于提高吸附剂的初始 CO_2 吸附量。但随着吸附时间的延长，4CaO·MgO 吸附剂显示出较好的吸附性能，CO_2 吸附量为 0.32g/g，这可能与其具有较大的比表面积且提供的吸附位点多有关[185, 186]。8CaO·MgO 吸附剂始终维持最低的 CO_2 吸附量，这也进一步说明 MgO 含量高或低均不利于吸附剂吸附 CO_2。

图 10.28 为钙基 CO_2 吸附剂第 1 次吸附和第 2 次吸附的 CO_2 吸附量。钙基 CO_2 吸附剂第 2 次吸附的 CO_2 吸附量比第 1 次吸附的 CO_2 吸附量大幅度提高，4CaO·MgO 吸附剂具有最大的 CO_2 吸附量（接近 0.60g/g），这属于钙基 CO_2 吸附剂的自活化现象，具体解释见 10.3.2 节。

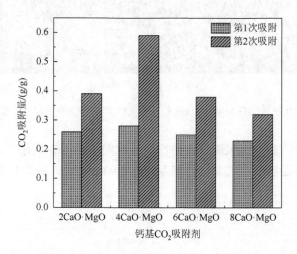

图 10.28　钙基 CO_2 吸附剂第 1 次吸附和第 2 次吸附的 CO_2 吸附量

10.4.2　不同 CO_2 体积分数

实验反应体系中 CO_2 的分压与相应的平衡分压之间的差距是吸附过程进行的主要推动力[180]。在 CO_2 吸附反应的条件下，吸附过程不受热力学平衡的限制，反应的推动力近似等于体系中的 CO_2 体积分数。

钙基 CO_2 吸附剂在不同 CO_2 体积分数条件下的吸附量和碳酸化转化率如图 10.29 所示，CO_2 体积分数不仅对吸附量有较大的影响，而且在很大程度上影响了吸附速率。随着 CO_2 体积分数的增加，钙基 CO_2 吸附剂的吸附量呈现先增加后不变的趋势，在 CO_2 体积分数为 20%时达到最大值，约为 0.32g/g。碳酸化反应第一阶段吸附曲线的斜率受 CO_2 体积分数的影响较大，将第一阶段的平均吸附速率对 CO_2 体积分数作图，如图 10.30 所示，R^2 为 0.99854，拟合后线性关系良好，

说明此吸附过程对 CO_2 体积分数属于一级反应，这与 Grasa 等[187]、Mess 等[188] 的结论是一致的。

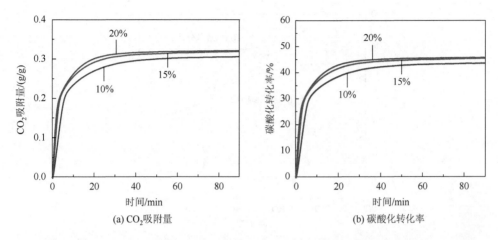

(a) CO_2 吸附量　　　　　　　　(b) 碳酸化转化率

图 10.29　钙基 CO_2 吸附剂在不同 CO_2 体积分数条件下的吸附量和碳酸化转化率

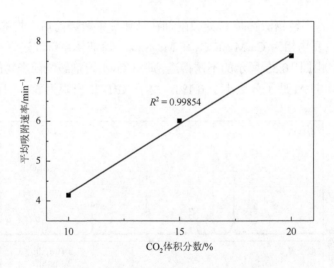

图 10.30　平均吸附速率与 CO_2 体积分数关系

10.5　调质钢渣钙基 CO_2 吸附剂制备及其吸附性能评价

10.5.1　结构特征分析

图 10.31 为不锈钢渣钙基 CO_2 吸附剂前驱体的 TG-DSC 测试结果，前驱体在

升温过程中经历了 2 个失重平台，对应热流量曲线中的 2 个峰。在 300~500℃的失重平台对应 $MgCO_3$ 的分解，在 700℃左右的失重平台对应 $CaCO_3$ 的分解。

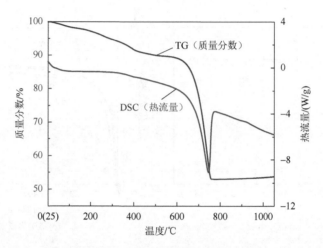

图 10.31　不锈钢渣钙基 CO_2 吸附剂前驱体的热失重曲线与热流量曲线

图 10.32 为不锈钢渣钙基 CO_2 吸附剂在马弗炉中煅烧前后产物的 XRD 图谱。沉淀后产物主要物相为$(Ca_xMg_y)CO_3$ 和 Mg_2SiO_4。溶液体系沉淀过程中，Al^{3+} 会被碳酸盐裹挟。由图 10.33 所示的不锈钢渣钙基 CO_2 吸附剂煅烧前产物的 SEM 图可得，沉淀产物中 Al 原子分数小于 0.1%。由于 XRD 检出限为 5%，且在酸浸溶液

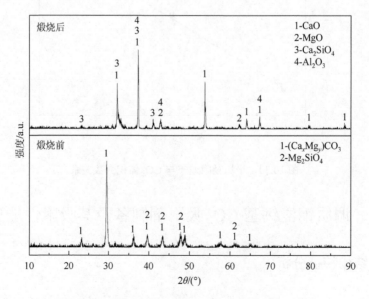

图 10.32　不锈钢渣钙基 CO_2 吸附剂在马弗炉中煅烧前后产物的 XRD 图谱

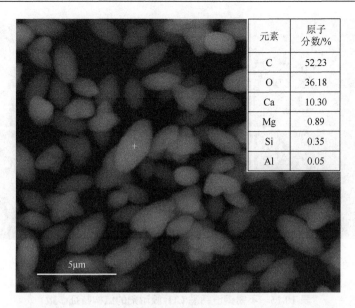

元素	原子分数/%
C	52.23
O	36.18
Ca	10.30
Mg	0.89
Si	0.35
Al	0.05

图 10.33　不锈钢渣钙基 CO_2 吸附剂煅烧前产物的 SEM 图（扫封底二维码可见彩图）

中 Al 含量较低，所以检测不到含 Al 物相的衍射峰。沉淀产物经过 850℃煅烧后，不锈钢渣钙基 CO_2 吸附剂的主要物相为 CaO、MgO、Ca_2SiO_4 和 Al_2O_3，MgO 与 Al_2O_3 和 CaO 物相共存。图 10.34 为不锈钢渣钙基 CO_2 吸附剂煅烧后产物的 SEM-EDS 图，吸附剂的形貌蓬松多孔，颗粒之间相互聚集，O、Ca、Mg、Si 和 Al 五种元素在吸附剂中分布均匀。如表 10.15 和图 10.35 所示，不锈钢渣钙基 CO_2 吸附剂的等温吸附-脱附曲线为Ⅳ型，比表面积和孔体积分别为 $8.57m^2/g$ 和 $0.0297cm^3/g$，吸附剂的孔径集中在 8.86nm 左右，属于介孔材料。

元素	原子分数/%
O	71.6
Ca	16.2
Mg	6.5
Si	5.2
Al	0.5

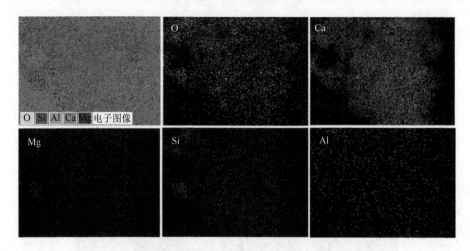

图 10.34　不锈钢渣钙基 CO_2 吸附剂煅烧后产物的 SEM-EDS 图

表 10.15　不锈钢渣钙基 CO_2 吸附剂的结构特征参数

吸附剂	比表面积/(m^2/g)	孔径/nm	孔体积/(cm^3/g)
不锈钢渣钙基 CO_2 吸附剂	8.57	8.86	0.0297

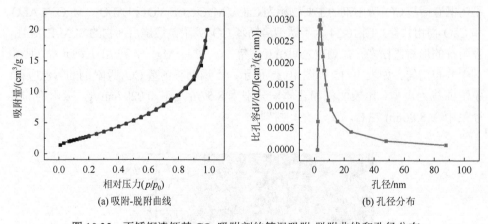

(a) 吸附-脱附曲线　　　　　　　　　　(b) 孔径分布

图 10.35　不锈钢渣钙基 CO_2 吸附剂的等温吸附-脱附曲线和孔径分布

10.5.2　CO_2 吸附特征分析

图 10.36 为不锈钢渣钙基 CO_2 吸附剂单次吸附和再生吸附 CO_2 后的 XRD 图谱，主要矿相为 $CaCO_3$、CaO、MgO、Ca_2SiO_4 和 Al_2O_3。当再生吸附后，其主要矿相与单次吸附相同，说明碳酸化过程中，与 CO_2 发生化学反应的主要矿相为 CaO。由表 10.16 所示的 700℃下 Ca_2SiO_4 与 CO_2 反应的相关热力学数据可知，ΔG 大于

零，说明在此温度下，Ca$_2$SiO$_4$ 作为惰性相不与 CO$_2$ 发生反应。Al$_2$O$_3$ 作为两性氧化物也不参与碳酸化反应过程，这与 Fang 等[189]的结论是一致的。

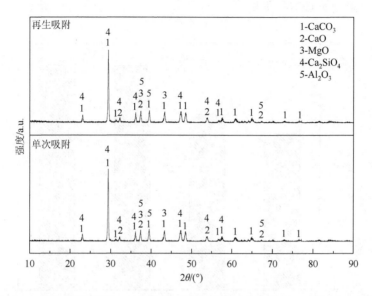

图 10.36　不锈钢渣钙基 CO$_2$ 吸附剂单次吸附和再生吸附 CO$_2$ 后的 XRD 图谱

表 10.16　700℃下 Ca$_2$SiO$_4$ 与 CO$_2$ 反应的相关热力学数据

T/℃	ΔH/(J/mol)	ΔG/(J/mol)
700	−209460.2	79354.1

不锈钢渣钙基 CO$_2$ 吸附剂在不同循环次数下的 CO$_2$ 吸附量如图 10.37 所示。随着循环次数的增加，CO$_2$ 吸附量呈现逐步增加的趋势，发生了不锈钢渣钙基 CO$_2$ 吸附剂的自活化现象[190]，这与不锈钢渣钙基 CO$_2$ 吸附剂的结构变化有关，表现为前几个循环中 CO$_2$ 吸附量逐渐增加。不锈钢渣钙基 CO$_2$ 吸附剂经过预处理，第 1 次循环后的 CO$_2$ 吸附量增加了 13.2%，达到 0.43g/g。在第 3 次循环后，CO$_2$ 吸附量较第 1 次循环后增加了 28%左右，达到 0.55g/g。在第 5 次循环后，CO$_2$ 吸附量趋于平缓，但仍有小幅度的增加，为 0.56g/g。与 2CaO·MgO 吸附剂的 CO$_2$ 吸附量相比，不锈钢渣钙基 CO$_2$ 吸附剂表现出更好的 CO$_2$ 吸附能力，在第 1 次循环后，不锈钢渣钙基 CO$_2$ 吸附剂的吸附量低于 4CaO·MgO 吸附剂，可能是由于 Ca$_2$SiO$_4$ 的存在减少了参与反应的 CaO 的含量，但经过 5 次循环后，不锈钢渣钙基 CO$_2$ 吸附剂的吸附量呈增加趋势，可能是由于 MgO、Al$_2$O$_3$ 和 Ca$_2$SiO$_4$ 三种矿相协同作用。由表 10.17 可知，这三种矿相均为不与 CO$_2$ 发生化学反应的惰性相，相对应的熔点较高，且泰曼温度均高于循环吸附-脱附过程的操作温度区间。Ca$_2$SiO$_4$

的存在虽然减少了参与反应的 CaO 的含量，但 MgO、Al_2O_3 和 Ca_2SiO_4 共同作为骨架结构可以有效抑制吸附剂的高温烧结[191, 192]，使吸附剂保持良好的孔径结构，从而提高吸附剂的 CO_2 吸附量。

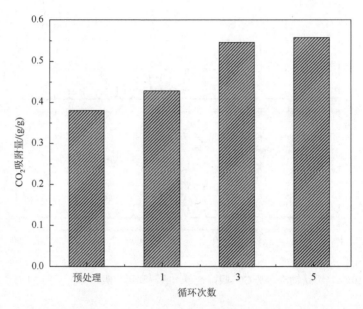

图 10.37　不锈钢渣钙基 CO_2 吸附剂在不同循环次数下的 CO_2 吸附量

表 10.17　不锈钢渣钙基 CO_2 吸附剂中各主要元素的氧化物及其相应钙基矿相的熔点和泰曼温度（单位：℃）[193]

氧化物	氧化物的熔点	氧化物的泰曼温度	相应钙基矿相	相应钙基矿相的熔点	相应钙基矿相的泰曼温度
CaO	2572	1170	$CaCO_3$	825	533
MgO	2800	1276	未检出	无	无
Al_2O_3	2054	891	未检出	无	无
SiO_2	1610	664	Ca_2SiO_4	2130	929

结合图 10.38 和表 10.18 可知，不锈钢渣钙基 CO_2 吸附剂在第 1 次循环煅烧后，颗粒间相互聚集，呈密实的块状结构。经过 5 次循环煅烧后，由于发生自活化现象，吸附剂孔径结构发生变化，吸附剂形貌呈笼状，孔与孔之间的连通性更强。不锈钢渣钙基 CO_2 吸附剂在第 5 次循环煅烧后，孔径更加发达，比表面积和孔体积增加，分别为 $9.34m^2/g$ 和 $0.0407cm^3/g$，因此不锈钢渣钙基 CO_2 吸附剂经过 5 次循环后，CO_2 吸附量呈增加趋势。

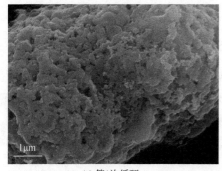
(a) 第1次循环

(b) 第5次循环

图 10.38　不锈钢渣钙基 CO_2 吸附剂在第 1 次循环和第 5 次循环煅烧后的 SEM 图像

表 10.18　不锈钢渣钙基 CO_2 吸附剂在不同循环次数煅烧后的孔隙结构参数

循环次数	比表面积/(m^2/g)	孔体积/(cm^3/g)
1	8.84	0.0349
5	9.34	0.0407

　　表 10.19 比较了由不同原料制备的钙基 CO_2 吸附剂经过 5 次循环后的 CO_2 吸附量，使用 Ca、Mg 模拟液制备的钙基 CO_2 吸附剂的 CO_2 吸附量为 0.35g/g，使用不锈钢渣制备的钙基 CO_2 吸附剂的 CO_2 吸附量为 0.56g/g，与其他原料制备的钙基 CO_2 吸附剂相比，本章所制备的 $4CaO\cdot MgO$ 吸附剂和不锈钢渣钙基 CO_2 吸附剂具有相当甚至更好的 CO_2 吸附能力，且不锈钢渣是制备钙基 CO_2 吸附剂非常有前景的原料，可以用作捕集 CO_2 的有效吸附剂。

表 10.19　钙基 CO_2 吸附剂经过 5 次循环后的 CO_2 吸附量对比

原料	制备方法	Ca/Mg 摩尔比	CO_2 吸附量/(g/g)	数据来源
Ca、Mg 模拟液	化学共沉淀法	4∶1	0.35	本章
不锈钢渣	化学共沉淀法	3.4∶1	0.56	本章
硝酸钙 硝酸镁	水热法	5.6∶1	0.34	文献[118]
纳米碳酸钙 镁溶胶	燃烧合成法	3∶1	0.28	文献[184]
乙酸钙 硝酸镁	溶剂/非溶剂法	2∶1	0.52	文献[119]
葡萄糖酸钙 葡萄糖酸镁	湿式混合法	5∶1	0.40	文献[120]

10.5.3　吸附动力学研究

　　钙基 CO_2 吸附剂吸附 CO_2 属于气-固两相反应，作者采用恒温吸附法分析动力学过程。整个 CO_2 吸附过程是在高温同步热分析仪中进行的，在纯 N_2 气氛下，设置升温速率为 20℃/min，将温度从室温分别升高至 650℃、700℃ 和 750℃ 后，将纯 N_2 气氛切换为纯 CO_2 气氛，并在恒定温度下碳酸化反应 90min，得到不同温度下的钙基 CO_2 吸附剂的 CO_2 吸附量。

　　图 10.39 为钙基 CO_2 吸附剂不同温度下吸附量、碳酸化转化率和时间导数（dX/dt）。Khoshandam 等[194]将 CaO 吸附 CO_2 过程分为两个阶段：第一阶段由化学反应控制，第二阶段由扩散反应控制。作者对钙基 CO_2 吸附剂吸附 CO_2 过程分段处理，由图 10.39（c）可知，在碳酸化反应初期，由于 CO_2 与吸附剂直接裸露的表面反应，反应速率很快到最高点 Y_1；随着碳酸化反应继续进行，$CaCO_3$ 产物层开始形成并且逐渐积累增厚，$CaCO_3$ 产物层阻碍了 CO_2 与吸附剂内部未反应的

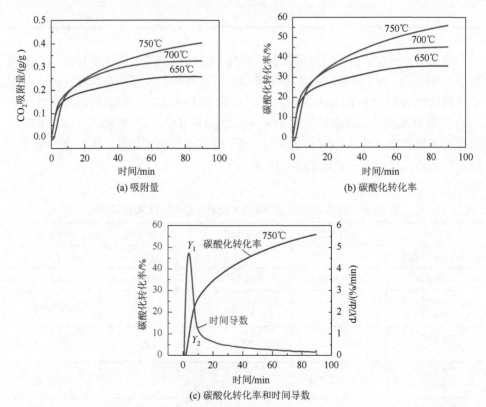

(a) 吸附量　　　　　　　　　　(b) 碳酸化转化率

(c) 碳酸化转化率和时间导数

图 10.39　钙基 CO_2 吸附剂不同温度下吸附量、碳酸化转化率及 750℃ 下的碳酸化转化率和时间导数（dX/dt）

CaO 反应，因此扩散阻力增大，碳酸化反应减缓，反应速率减小，进行到 Y_2 点时反应进入慢速阶段。

利用恒温条件下的动力学模型方程[式（10.12）]、阿伦尼乌斯方程[式（10.13）]，以及学者常用的机理函数中的阿夫拉米-埃罗费夫（Avrami-Erofeev）方程[186][式（10.14）]对钙基 CO_2 吸附剂的 CO_2 吸附过程进行动力学模拟。通过最小二乘法，将方程与实验结果进行拟合。表 10.20 和表 10.21 分别计算了第一阶段和第二阶段的阿夫拉米-埃罗费夫方程在不同反应级数 n 下的 R^2，表 10.22 计算了阿夫拉米-埃罗费夫方程在不同温度下的 K 与 $-\ln K$。图 10.40 为不同阶段下的 $-\ln K$ 与 $1000/T$ 关系图，由曲线可知斜率为 $-E/R$，截距为 $\ln K_0$，分别由斜率和截距的数值求出活化能 E 和指前因子 K_0。

$$\frac{dX}{dt} = K(T) \cdot F(X) \tag{10.12}$$

$$K = K_0 \cdot \exp[-E/(RT)] \tag{10.13}$$

$$F(X) = (1/n)(1-X)[-\ln(1-X)]^{-(n-1)} \tag{10.14}$$

式中，X 为吸附剂的碳酸化转化率；$K(T)$ 为反应速率常数；K_0 为指前因子；E 为活化能；R 等于 8.314J/(mol·K)；n 为 1/4～4。

表 10.20　第一阶段的阿夫拉米-埃罗费夫方程不同反应级数下的 R^2 在不同温度下得到的实验结果

$T/℃$	第一阶段						
	$n=4$	$n=3$	$n=2$	$n=2/3$	$n=1/2$	$n=1/3$	$n=1/4$
750	0.8532	0.8298	0.9593	0.9864	0.8713	0.7802	0.7045
700	0.7102	0.7608	0.8321	0.9744	0.9869	0.9771	0.9478
650	0.6835	0.7347	0.8083	0.9645	0.9844	0.9860	0.9649

表 10.21　第二阶段的阿夫拉米-埃罗费夫方程不同反应级数下的 R^2 在不同温度下得到的实验结果

$T/℃$	第二阶段						
	$n=4$	$n=3$	$n=2$	$n=2/3$	$n=1/2$	$n=1/3$	$n=1/4$
750	0.9302	0.9360	0.9468	0.9895	0.9981	0.9391	0.8458
700	0.8223	0.8272	0.8366	0.8856	0.9054	0.8368	0.9103
650	0.8960	0.8990	0.9047	0.9335	0.9445	0.9048	0.9471

表 10.22 阿夫拉米-埃罗费夫方程在不同温度下的 K 与 $-\ln K$

T/K	第一阶段			第二阶段		
	1000/T/K^{-1}	K	$-\ln K$	1000/T/K^{-1}	K	$-\ln K$
1023.15	0.9774	0.0243	3.7173	0.9774	0.0133	4.3198
973.15	1.0276	0.0194	3.9425	1.0276	0.0089	4.7138
923.15	1.0832	0.0139	4.2759	1.0832	0.0056	5.1771

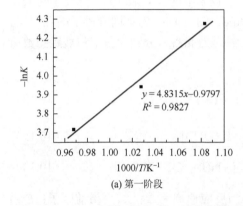

(a) 第一阶段

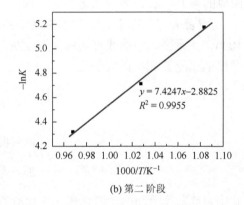

(b) 第二阶段

图 10.40 第一阶段和第二阶段的 $-\ln K$ 与 $1000/T$ 关系图

由表 10.23 可知，第一阶段的活化能小于第二阶段的活化能，即活化能越小，发生反应需要的能量越低，反应进行得越快；反之，活化能越大，发生反应所需要的能量越高，反应进行得越慢。事实上，活化能反映了温度的依赖性，可以看出，活化能 E 随着温度 T 的升高而增大，当温度 T 降低时，活化能 E 明显减小。在活化能和指前因子之间存在一种相互补偿的关系，称为补偿效应，这是由一些问题条件不完善的事实造成的[195, 196]。根据阿伦尼乌斯方程［式（10.13）］，活化能和指前因子的对数之间存在线性关系，如式（10.15）所示，活化能越大，指前因子越大。

$$\ln K_0 = aE + b \qquad (10.15)$$

调质钢渣钙基 CO_2 吸附剂碳酸化反应符合阿夫拉米-埃罗费夫方程的成核和生长机理，拟合曲线的线性关系由第一阶段和第二阶段的不同反应级数 n 的 R^2 决定。$n = 2/3$ 的模型由第一阶段的拟合确定（反应控制），而 $n = 1/2$ 的模型由第二阶段的拟合确定（扩散控制）。

表 10.23 不同阶段下的活化能 E 和指前因子 K_0

第一阶段		第二阶段	
活化能 E/(kJ/mol)	指前因子 K_0	活化能 E/(kJ/mol)	指前因子 K_0
40.17	2.66	61.73	17.86

10.6　本 章 小 结

本章探讨了利用调质不锈钢渣制备钙基 CO_2 吸附剂并应用于捕集 CO_2 的可行性，分别采用化学共沉淀法、溶胶-凝胶法和水热法制备了 CO_2 吸附剂，考察了 MgO 的掺入和 CO_2 体积分数等因素对碳捕集能力的影响行为和作用机制。本章所得主要结论如下。

（1）采用化学共沉淀法、溶胶-凝胶法和水热法制备了 CO_2 吸附剂。采用化学共沉淀法，在 50℃、pH = 10、陈化时间为 2h 条件下制备的 CO_2 吸附剂结晶度较好，吸附剂比表面积和孔体积较大。循环吸附实验结果表明，相较于其他方法，化学共沉淀法制备的 CO_2 吸附剂的初次吸附量较大，随着循环次数的增加，吸附量持续降低。

（2）MgO 掺杂可提高钙基 CO_2 吸附剂的循环吸附性能。$4CaO·MgO$ 和 $6CaO·MgO$ 吸附剂具有较大的比表面积和孔体积。$4CaO·MgO$ 吸附剂在第 2 次循环吸附后显示出较好的吸附性能，吸附量约为 0.60g/g。

（3）基于冶金烟气中 CO_2 体积分数特性的研究表明，当 CO_2 体积分数为 10%～20%时，吸附剂的 CO_2 吸附量随着 CO_2 体积分数的增加而增大，吸附过程对 CO_2 体积分数属于一级反应。

（4）制备的钙基 CO_2 吸附剂属于介孔材料。CO_2 吸附过程存在两个阶段，第一阶段（反应控制）的活化能小于第二阶段（扩散控制）的活化能。

第11章　硅基吸附剂制备及其吸附性能行为研究

SiO$_2$是钢渣的第二大组元。本章面向钢渣碳捕集应用中 Si 资源综合利用难题，提出一种钢渣中 Si 元素资源化利用新途径，制备硅基吸附剂，并研究其作为 CO$_2$ 吸附剂和废水净化剂的可行性。制备工艺与钢渣改质和间接碳捕集工艺相结合，可提高钢渣碳捕集资源利用率，有利于实现钢渣全组分梯级提取和高水平综合利用。

11.1　实验方案

11.1.1　硅基吸附剂制备方法

本章以调质钢渣为原料展开硅基吸附剂的制备研究。由表 8.1 可知，调质钢渣主要由 CaO、MgO、SiO$_2$ 和 FeO 组成，除此之外，调质钢渣中还可能含有 P$_2$O$_5$ 和 Cr$_2$O$_3$ 等组元。调质钢渣中的 SiO$_2$ 含量较高，若不找到合适的利用途径，则会造成钢渣中 Si 资源的极大浪费。

图 11.1　YZSR-1000 型智能反应釜

实验选取 50g 调质钢渣原料进行酸浸实验，为提高 Si 浸出率，将调质钢渣与体积为 1L、浓度为 2mol/L 的盐酸溶液混合，室温下以 300r/min 搅拌速率搅拌 2h，随后将溶液倒入布氏漏斗中抽滤。钢渣酸浸后得到的富 Si 溶液作为合成 SiO$_2$ 吸附剂的母液，向母液中加入 CTAB 作为模板剂，在不同的温度下合成粉末状前驱体。实验的合成温度分别为 20℃、70℃和 120℃，合成时间为 4h，溶液 pH 为 1，样品分别命名为 S-20、S-70 和 S-120。合成温度为 120℃的实验在 YZSR-1000 型智能反应釜中进行，智能反应釜如图 11.1 所示。

此外，为了探究模板剂在硅基吸附剂合成过程中的作用，设置一组未添加模板剂实验作为对比，样品命名为 S-N。采用 SEM、透射电子显微镜（transmission electron microscope,

TEM）、小角 X 射线衍射（small angle X-ray diffraction，SA-XRD）、FTIR、N_2 等温吸附-脱附等手段对样品形貌和结构进行表征。

将得到的粉末状前驱体置入干燥箱中于 110℃干燥 4h，所得样品在马弗炉中于 550℃煅烧 6h 得到硅基吸附剂。

11.1.2　关键合成条件对吸附剂影响实验

合成条件对硅基吸附剂的形貌、组分、孔结构的有序性和性能有重要影响。调研认为，合成温度、合成时间和 pH 的影响较大，本节主要探究以上三种因素对硅基吸附剂的影响规律。模板剂 CTAB 与 Si 摩尔比设置为 0.135∶1[139]。为探究合成温度对硅基吸附剂的影响规律，以及室温法和水热法合成作用机理之间的差异，合成温度设置为 20℃、70℃和 120℃，样品分别命名为 A-20、A-70 和 A-120。为探究合成时间和溶液 pH 对硅基吸附剂的影响规律，合成时间设置为 2h、4h 和 8h，样品分别命名为 A-2H、A-4H 和 A-8H，溶液 pH 设置为 1、2 和 3，样品分别命名为 A-1、A-2 和 A-3。其中，A-120、A-4H 和 A-1 为同一样品。不同合成条件对应样品名称如表 11.1 所示。

表 11.1　不同合成条件对应样品名称

合成温度/℃	合成时间/h	pH	样品名称
20	4	1	A-20
70	4	1	A-70
120	4	1	A-120/A-4H/A-1
120	2	1	A-2H
120	8	1	A-8H
120	4	2	A-2
120	4	3	A-3

11.1.3　硅基吸附剂表征和性能检测方法

实验所用设备及检测分析仪器如表 11.2 所示。

表 11.2　实验所用设备及检测分析仪器

仪器名称	型号	生产商
自动可见分光光度计	723PC	上海析谱仪器有限公司
高频数控超声波清洗器	KH-160TDE	昆山禾创超声仪器有限公司
磁选管	DTCXG-ZN50	唐山东唐电器设备有限公司
高温气氛炉	KJ-QX17	洛阳中苑实验电炉厂
马弗炉	RJM-1.8-10	沈阳市电炉厂
真空抽滤泵	SHZ-D（Ⅲ）	上海秋佐科学仪器有限公司
XRD 仪	D8 ADVANCE	德国布鲁克 AXS 有限公司
SEM	Phenom ProX	复纳科学仪器（上海）有限公司
FE-SEM	ULTRA PLUS	德国蔡司显微镜有限公司
FTIR 仪	Nicolet 380	美国热电公司
TEM	JEM-100CXⅡ	日本 JEOL 公司
高温同步热分析仪	TG/DSC3 +	瑞士梅特勒-托利多仪器公司
全自动物理吸附分析仪	ASAP2460	美国 Micromeritics 公司
pH 计	PHSJ-4A	上海仪电科学仪器股份有限公司
电子天平	JA203H	常州市幸运电子设备有限公司
电动离心机	LD-5	常州荣华仪器制造有限公司
多头数显恒温磁力搅拌器	HJ-4B	常州澳华仪器有限公司
智能反应釜	YZSR-1000	上海岩征实验仪器有限公司
XRF	EDXRF ANALYSIS	深圳市策谱科技有限公司

注：FE-SEM 指场发射扫描电子显微镜（field emission scanning electron microscope）。

1. 全自动物理吸附分析

采用全自动物理吸附分析仪测定所制备硅基吸附剂 N_2 等温吸附-脱附曲线，通过布鲁诺尔-埃梅特-泰勒（Brunauer-Emett-Teller，BET）、巴雷特-乔伊纳-哈伦达（Barrett-Joyner-Halenda，BJH）方法计算得到样品比表面积（S_{BET}）、孔体积（V_m）和平均孔径（D_{BJH}）等孔隙结构参数。BET 方法如下：选择相对压力 = 0.05～0.30 的脱附数据，计算得到样品比表面积；选择相对压力 = 0.99 的脱附数据，计算得到样品孔体积；BJH 方法如下：选择 N_2 等温脱附曲线数据，得到样品平均孔径。

首先将样品置于真空环境下加热至 300℃ 并恒温 4h，去除孔隙内杂质及气体，待样品降至室温测定 N_2 等温吸附-脱附曲线。

2. XRD

采用 XRD 仪检测钢渣等材料 XRD 图谱，实验参数如下：$2\theta = 10° \sim 90°$，扫描速度为 5°/min。采用 XRD 仪检测硅基吸附剂 SA-XRD 图谱，通过 Jade 5 软件分析 XRD 图谱和孔结构特征，实验参数如下：$2\theta = 0.5° \sim 10°$，扫描速度为 1°/min。

3. SEM

使用 SEM 观测样品表观形貌，使用其所附 EDS 仪分析样品元素及矿相组成。

4. TEM

使用 TEM 观察硅基吸附剂微观形貌和孔结构特征，电子束电压为 200kV。将样品使用无水乙醇超声分散 30min，使之能够均匀分散在铜栅上。

5. TG-DCS 分析

采用高温同步热分析仪对硅基吸附剂进行 CO_2 吸附量测试，称量一定量样品并置于仪器中，程序设置如下。

（1）通入 N_2，流量速率为 20mL/min，温度升至 100℃，保持 30min，升温速率为 10℃/min。

（2）温度降至室温，将气体切换为体积分数 100%的 CO_2，流量速率为 50mL/min，保持 120min。

（3）切换为 N_2，流量速率为 20mL/min，升温至 100℃，保持 30min，脱除 CO_2。根据样品吸附-脱附前后质量变化计算 CO_2 吸附量。

6. FTIR 分析

采用 KBr 压片法将样品与 KBr 按照一定比例加入刚玉研钵中，充分混合后使用压片机进行压片，将压好的薄片置于 FTIR 仪中进行检测。FTIR 仪的分辨率为 $8cm^{-1}$，红外光谱带为 $400 \sim 4000cm^{-1}$。

7. 可见分光光度分析

采用自动可见分光光度计对硅基吸附剂吸附亚甲基蓝染料前后浓度进行检测，计算吸附量。首先使用亚甲基蓝标准溶液绘制标准曲线，吸收波长为 665nm。分别配制 0mg/L、2mg/L、5mg/L、10mg/L 亚甲基蓝溶液，使用自动可见分光光度计测得各浓度溶液吸光度分别为 0.000、0.413、0.986、1.790。以溶液浓度（x）

作为横坐标、吸光度（y）作为纵坐标对两者进行线性拟合，得到吸光度与溶液浓度关系式为：$y = 0.17802x + 0.04066$，相关系数 $R^2 = 0.995$。

8. XRF

XRF 的原理是利用 X 射线光子或其他微观离子激发待测物质中的原子，使之产生荧光（次级 X 射线），从而进行物质成分分析和化学态研究。本章使用 XRF 分别对钢渣成分及含量进行定性和定量分析。

11.2　硅基吸附剂制备与表征

将调质钢渣置于酸性溶液（浓度为 2mol/L 的 HCl 溶液）中并提取钢渣中的 Si 组元。对所得浸出液进行 ICP-OES 检测，研究结果表明，钢渣中 Ca 和 Mg 的溶解率超过 99%，Si 的溶解率达到 95%。钢渣酸浸后得到的富 Si 溶液作为合成 SiO_2 吸附剂的母液，向母液中加入 CTAB 作为模板剂，在不同温度（20℃、70℃和 120℃）下合成粉末状前驱体。将得到的粉末状前驱体置入干燥箱中于 110℃干燥 4h，所得样品在马弗炉中于 550℃煅烧 6h 得到硅基吸附剂。采用 SEM、TEM、SA-XRD、FTIR、N_2 等温吸附-脱附等手段对样品形貌和结构进行表征。

11.2.1　形貌分析

图 11.2 为不同合成温度 SiO_2 材料外观图。由图 11.2 可以看出，S-N 样品呈深红色，说明样品可能含有较多铁的氧化物，S-20 样品呈灰白色，可能是由于其中含有少量 Ca 元素和模板剂不完全燃烧，S-70 和 S-120 样品呈浅黄色，可能归因于模板剂不完全燃烧。

(a) S-N

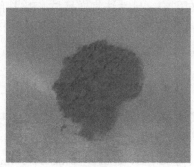

(b) S-20

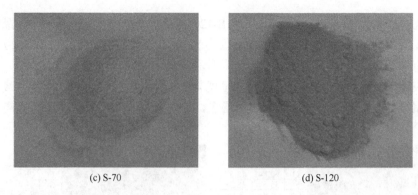

(c) S-70　　　　　　　　　　　　　　(d) S-120

图 11.2　不同合成温度 SiO$_2$ 材料外观图（扫封底二维码可见彩图）

图 11.3 为 S-N 样品 SEM-EDS 图。从图 11.3 中可以看出，S-N 样品呈现较大的块状，无法形成球团粉体。EDS 显示部分样品颗粒仅由 Si 和 O 元素组成，少部分样品颗粒由 Si、O、Fe 和 Ca 元素组成，并未发现其他元素，说明钢渣中其他元素并未掺入硅基吸附剂中。S-N 样品中 Fe 原子分数为 7%左右，解释了 S-N 样品呈现深红色的原因。

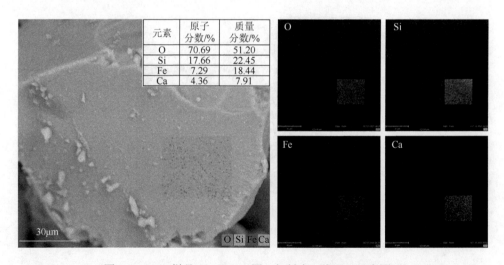

元素	原子分数/%	质量分数/%
O	70.69	51.20
Si	17.66	22.45
Fe	7.29	18.44
Ca	4.36	7.91

图 11.3　S-N 样品 SEM-EDS 图（扫封底二维码可见彩图）

图 11.4 给出了不同条件下硅基吸附剂的 SEM 图像。由图 11.4 可以看出，S-20 样品呈现块状，说明无机 Si 源与模板剂未产生相互作用，SEM-EDS 表征结果显示少部分颗粒中除 Si 和 O 元素外，依然存在少量 Ca 元素，表明由于温度较低，孔隙中残存少量杂质离子，难以从微孔硅胶中完全去除；S-70 样品由球团聚集而成的颗粒组成，说明模板剂与 Si 源之间产生了相互作用，逐渐形成有序硅基吸附

剂，此时样品仅由 Si 和 O 元素组成；S-120 样品呈现疏松多孔的形貌，样品仅由 Si 和 O 元素组成。S-70 和 S-120 样品仅由 Si 和 O 元素组成，而 S-N 和 S-20 样品中含有杂质元素，说明合成温度的升高有利于硅基吸附剂纯度提升。此外，EDS 结果表明，Si 原子占比随着温度升高呈现降低的趋势，可能是由于温度升高，硅基吸附剂的孔中可以容纳的羟基数量增多，这也有利于材料吸附性能的提高。

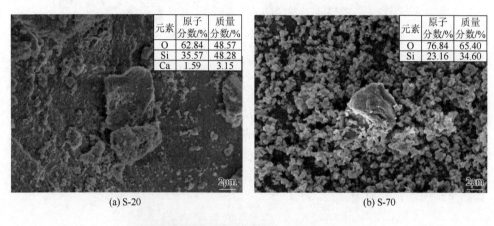

(a) S-20

元素	原子分数/%	质量分数/%
O	62.84	48.57
Si	35.57	48.28
Ca	1.59	3.15

(b) S-70

元素	原子分数/%	质量分数/%
O	76.84	65.40
Si	23.16	34.60

(c) S-120

元素	原子分数/%	质量分数/%
O	81.61	71.65
Si	18.39	28.35

图 11.4　硅基吸附剂 SEM 图像

为进一步观察所合成硅基吸附剂的微观形貌，选取纯度高、有序性好的 S-120 样品进行表征。图 11.5 为 S-120 样品的 FE-SEM 图像和 TEM 图像。由图 11.5（a）和（b）可以看出，S-120 样品主要由粒径相对均一的球状聚集体组成，球状粒径主要分布在 200~500nm。S-120 样品 TEM 图像如图 11.5（c）和（d）所示，可以看出，样品由六方形孔组成，具有高度有序性，孔径为 3.2nm 左右，说明合成温度的升高有利于得到高度有序的硅基吸附剂。

(a) FE-SEM图像1　　　　　　　　　　　(b) FE-SEM图像2

(c) TEM图像1　　　　　　　　　　　　(d) TEM图像2

图 11.5　S-120 样品 FE-SEM 图像和 TEM 图像

11.2.2　结构分析

为表征样品有序性结构特征，对样品进行 SA-XRD 检测，检测结果如图 11.6 所示。结果显示，S-N 样品并无衍射峰，说明样品并非由有序孔结构组成。S-20 样品同样没有明显的衍射峰，说明由于合成温度的限制，无法合成有序硅基吸附剂。当合成温度升高至 70℃时，S-70 样品出现较弱的(100)晶面对应的衍射峰，但并未出现(110)和(200)晶面衍射峰，表明此温度条件并未完全形成有序的孔道结构。当合成温度达到 120℃时，S-120 样品(100)晶面衍射峰进一步增强，并且出现了(110)、(200)晶面衍射峰，说明此时形成了高度有序的介孔材料，空间群为 *P6mm*[197]。相比于 S-70 样品，S-120 样品的衍射峰向左移动，表明 S-120 样品具有更大的晶面间距[198]。

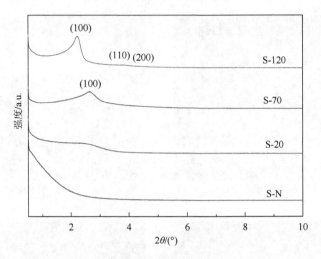

图 11.6 钢渣源硅基吸附剂 SA-XRD 图谱

为进一步表征不同合成条件样品的结构组成区别，对硅基吸附剂进行 FTIR 分析，分析结果如图 11.7 所示。通过 FTIR 分析得到以下结果。

（1）1637cm^{-1}、3442cm^{-1} 属于 H—O—H 伸缩振动峰，即吸附水的振动峰[62]。

（2）465cm^{-1}、809cm^{-1}、1092cm^{-1} 属于 Si—O—Si 非对称伸缩振动峰[103]。

（3）965cm^{-1} 属于表面 Si—OH 伸缩振动峰。

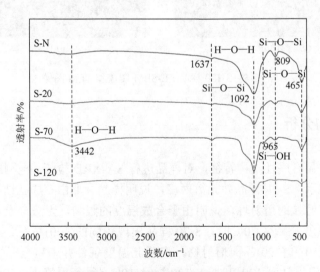

图 11.7 钢渣源硅基吸附剂 FTIR 图

结果表明，S-N、S-20、S-70 和 S-120 样品具有相同的振动峰和官能团，区别较小，且各样品均未发现 Fe 和 Ca 的振动峰，说明这两种元素仅以物理吸附的方式残留在材料内,并未掺入所合成的硅基吸附剂中,这与 SEM 分析结果一致。

11.2.3　吸附-脱附性能分析

图 11.8 分别列出了 S-N、S-20、S-70 和 S-120 样品的 N_2 等温吸附-脱附曲线图及孔径分布图。由图 11.8 可以看出,S-N 样品为Ⅳ类吸附平衡等温曲线,滞后回线为 H1 型,说明未添加模板剂样品属于介孔材料。由孔径分布图也可以观察到,S-N 样品孔径主要集中在介孔范围内,但其孔径分布范围较大,平均孔径为4.07nm。S-20 样品在低压段缓慢增加,当相对压力大于 0.5 时,吸附曲线与脱附曲线在高压段并未闭合,说明样品属于狭缝型孔。当合成温度为 70℃时,S-70 样品呈现Ⅰ类吸附平衡等温曲线,当相对压力小于 0.3 时,吸附曲线较陡,样品吸附速率较快,表明样品微孔数量较多,随着吸附量趋于饱和,吸附速率放缓。当合成温度升高至 120℃时,S-120 样品呈现Ⅳ类吸附平衡等温曲线,说明样品主要由介孔组成,样品在相对压力为 0.2~0.4 时吸附速率较快。相比于 S-70 样品,S-120样品吸附速率较大区域对应的相对压力有所增大,说明温度升高导致样品孔径增大。从图 11.8（b）所示的孔径分布曲线中也可以看出,S-20、S-70 和 S-120 样品的孔径分布区间逐渐右移。

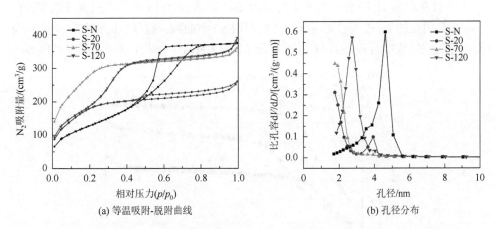

(a) 等温吸附-脱附曲线　　　　　　　　(b) 孔径分布

图 11.8　S-N、S-20、S-70 和 S-120 样品 N_2 等温吸附-脱附曲线和孔径分布曲线

通过 BET、BJH 方法计算得到的硅基吸附剂孔隙结构参数如表 11.3 所示。由表 11.3 可以看出,S-N 样品由于未加入模板剂,比表面积较小,仅为 475.81m^2/g。由于样品孔径分布不均匀,其孔体积和平均孔径较大,分别为 0.60cm^3/g 和 4.07nm。S-20 样品的 N_2 等温吸附-脱附曲线显示其属于狭缝型孔,由于模板剂的参与,部

分 Si 源同模板剂产生共组装作用,使得样品孔径分布曲线具有两个峰值,分别为 1.76nm 和 3.94nm,说明样品的孔径不均。S-70 样品的比表面积达到 1036.86cm²/g,说明温度升高使得模板剂与 Si 源之间自组装作用增强,此时比表面积较大。当合成温度升高至 120℃时,S-120 样品的比表面积出现减小的趋势,这是由于温度升高导致孔体积和孔径增大,使得单位体积中的孔数量减少,从而造成比表面积的减小。

表 11.3 S-N、S-20、S-70 和 S-120 样品孔隙结构参数

样品	比表面积/(m²/g)	孔体积/(cm³/g)	平均孔径/nm
S-N	475.81	0.60	4.07
S-20	627.62	0.29	2.87
S-70	1036.86	0.38	2.52
S-120	769.00	0.67	3.13

11.3 关键合成条件对硅基吸附剂的影响

11.3.1 合成温度

图 11.9 和图 11.10 分别为合成时间为 4h、溶液 pH 为 1 时,不同合成温度条件下硅基吸附剂的 N_2 等温吸附-脱附曲线和孔径分布曲线。硅基吸附剂的比表面积及孔径等孔隙结构参数根据 BET 方程及开尔文(Kelvin)方程计算,如表 11.4 所示。

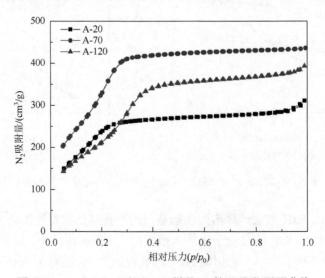

图 11.9 A-20、A-70 和 A-120 样品 N_2 等温吸附-脱附曲线

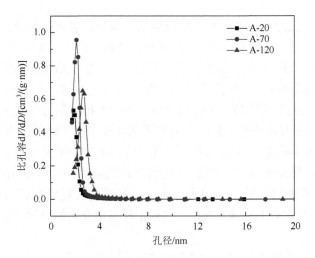

图 11.10　A-20、A-70 和 A-120 样品孔径分布曲线

表 11.4　A-20、A-70 和 A-120 样品孔隙结构参数

样品	比表面积/(m²/g)	孔体积/(cm³/g)	平均孔径/nm
A-20	893.38	0.38	2.04
A-70	1451.65	0.64	1.85
A-120	883.10	0.68	2.66

BET 方程如下：

$$V = \frac{CpV_m}{(p_0 - p)\left[1 - \dfrac{p}{p_0} + C\left(\dfrac{p}{p_0}\right)\right]} \tag{11.1}$$

式中，V 为平衡压力为 p 时吸附气体的总体积；V_m 为催化剂表面覆盖单层饱和时所需气体的体积；C 为与吸附有关的常数；p 为被吸附气体在吸附温度下平衡时的压力；p_0 为饱和蒸气压力，则有

$$S_{BET} = 4.354 \times V \tag{11.2}$$

孔径分布规律遵循 Kelvin 方程：

$$r = \frac{2\sigma V_0 \ln\left(\dfrac{p_0}{p}\right)}{RT} \tag{11.3}$$

式中，r 为孔半径；σ 为液体表面张力系数；V_0 为液体摩尔体积。

由图 11.9 可以看出，A-20 样品的等温吸附-脱附曲线呈现为 I 类吸附平衡等温曲线，当相对压力小于 0.3 时，吸附量急剧增加，表明样品微孔较多，属于单层吸附；当相对压力大于 0.3 时，吸附量增加逐渐变缓；随着相对压力继续升高，吸附量并无明显变化，表明此时吸附已接近饱和。根据 Kelvin 方程计算得到样品的平均孔径仅为 2.04nm，说明样品主要由微孔和介孔组成。A-70 样品的等温吸附-脱附曲线同样呈现 I 类吸附平衡等温曲线，在同等相对压力条件下样品的平衡吸附量较 A-20 样品有所提升，但样品的平均孔径减小至 1.85nm，表明样品微孔数量增加。A-120 样品的等温吸附-脱附曲线呈现Ⅳ类吸附平衡等温曲线，当相对压力小于 0.4 时，样品吸附量呈现的升高趋势较为明显，相较于 A-20 和 A-70 样品，吸附趋于平衡时相对压力增大，表明样品平均孔径增加；当相对压力大于0.4 时，样品的吸附量依然缓慢增加，这源于样品中介孔的吸附，此时样品的平均孔径达到 2.66nm。

图 11.11 为合成时间为 4h、pH 为 1 时不同合成温度条件下样品 SEM 图像。由图 11.11（a）可以看出，A-20 样品由小颗粒组成，且颗粒均一性较差，表明此时模板剂胶束溶解度较低。分析认为，由于温度并没有达到模板剂克拉夫特（Kraff）点（指临界胶束溶解温度点）[199]，形成的胶束较少，并且胶束体积小，模板剂的利用率较低，无机 Si 源与模板剂之间聚合效果较差，此时样品主要由微孔硅胶组成，这与 N_2 等温吸附-脱附曲线分析结果一致，样品的比表面积为893.38cm^2/g。当合成温度升至 70℃时，如图 11.11（b）所示，A-70 样品由于模板剂的作用呈现出球状，球团直径为微米级，生成较多的聚合体。分析认为，此时模板剂的缩聚程度与速率均增加，无机 Si 源的水解速率加快，模板剂与无机 Si 源的相互作用增强，孔体积增加是由于胶束随温度升高而膨胀，样品的比表面积增加至 1451.65cm^2/g。由图 11.11（c）可以看出，A-120 样品主要呈现疏松多孔的形貌，球团颗粒由百纳米级的球团组成且均一性较好，表明无机 Si 源与模板剂聚合较为充分，此时样品的比表面积下降至 883.10cm^2/g，这是由于样品的平均孔径增大，样品属于介孔材料，平均孔径为 2.66nm。

(a) A-20

(b) A-70

(c) A-120

图 11.11　A-20、A-70 和 A-120 样品 SEM 图像

图 11.12 为不同合成温度样品的 SA-XRD 图谱。由图 11.12 可以看出，A-20 样品无衍射峰，说明样品为无序的孔结构。A-70 样品出现微弱的(100)晶面衍射峰，表明样品随着合成温度的升高趋于有序化。当合成温度升高至 120℃时，A-120 样品出现明显的(100)、(110)、(200)晶面衍射峰，说明样品孔结构具有良好的有序性，并且为六方相结构。

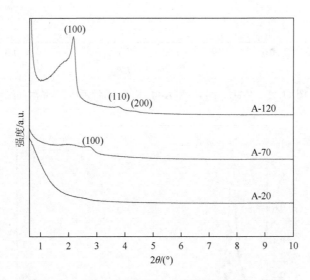

图 11.12　A-20、A-70 和 A-120 样品 SA-XRD 图谱

11.3.2　合成时间

图 11.13 和图 11.14 分别为不同合成时间制备样品的 N_2 等温吸附-脱附曲线和孔径分布曲线。根据 N_2 等温吸附-脱附曲线图，通过 BET 方程、Kelvin 方程计算

得到的样品孔隙结构参数如表 11.5 所示。由图 11.13 可以得出，A-2H 样品的等温吸附-脱附曲线呈现 II 类吸附平衡等温曲线，随着相对压力的增大，样品的吸附量逐渐增加，说明样品孔径分布范围较大。样品在中压区（相对压力为 0.4～0.7）的吸附曲线与脱附曲线呈现不闭合的状态，归因于样品中部分介孔的吸附-脱附，且滞后环类型属于 H3 型，属于不均匀的狭缝型孔，孔体积为 2.12cm³/g。分析认为，合成时间较短，Si 源与模板剂聚合不充分，导致样品孔径分布的不均一及孔结构的无序。当合成时间延长至 4h 时，A-4H 样品的吸附过程集中在相对压力小

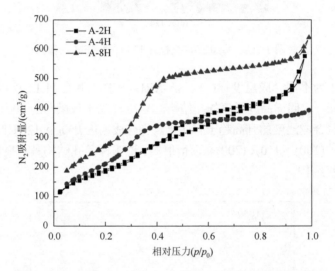

图 11.13　A-2H、A-4H 和 A-8H 样品 N₂ 等温吸附-脱附曲线

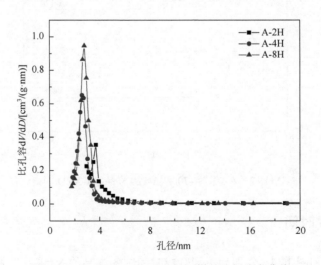

图 11.14　A-2H、A-4H 和 A-8H 样品孔径分布曲线

表 11.5　A-2H、A-4H 和 A-8H 样品孔隙结构参数

样品	比表面积/(m²/g)	孔体积/(cm³/g)	平均孔径/nm
A-2H	493.68	2.12	3.70
A-4H	883.10	0.68	2.66
A-8H	1061.06	1.06	3.41

于 0.4 的范围，表明样品孔径分布较为均一。当合成时间延长至 8h 时，A-8H 样品在相对压力为 0.2～0.4 的吸附速率更快。分析认为，这是由于样品孔体积和平均孔径增加。随合成时间的延长，Si 源与模板剂之间的聚合度提高。

　　图 11.15 给出了不同合成时间样品 SEM 图像。由图 11.15（a）可以看出，A-2H 样品呈现块状形貌，颗粒直径为微米级，说明此时由于合成时间较短，模板剂与 Si 源聚合度较低。随着合成时间延长至 4h，A-4H 样品如图 11.15（b）所示，样品具有疏松多孔的结构，表明此时模板剂与 Si 源之间产生了较为显著的相互作用，样品的比表面积增大至 883.10m²/g，孔体积较小，可能由于此时形成了有序排列的孔结构。随着合成时间进一步延长至 8h，A-8H 样品如图 11.15（c）所示，

(a) A-2H

(b) A-4H

(c) A-8H

图 11.15　A-2H、A-4H 和 A-8H 样品 SEM 图像

样品同样呈现由疏松多孔的颗粒组成，且由球团状向长条状转变的趋势，孔隙密度较 A-4H 样品有所降低，可能是合成时间较长，模板剂所形成的胶束曲率发生变化，导致聚合物结构向立方相或层状相转变，进而改变材料的孔结构。

为进一步表征样品孔结构特征，对样品进行 SA-XRD 分析，结果如图 11.16 所示。由图 11.16 可以看出，A-2H 样品并无晶体衍射峰，进一步说明了由于合成时间较短，没有有序孔结构产生；A-4H 样品具有较强的晶体衍射峰，说明 4h 的合成时间形成了高度有序的介观相；A-8H 样品晶体衍射峰降低较为明显，仅有微弱的(100)晶面衍射峰，这可能是由于合成时间的延长引起胶束曲率的变化，样品的孔体积增加幅度较大也证明了这一点（由 0.68cm^3/g 增至 1.06cm^3/g）。介观相逐渐由六方相向立方相或层状相转变，从而导致样品孔结构特征的变化。

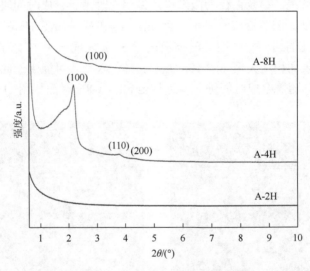

图 11.16　A-2H、A-4H 和 A-8H 样品 SA-XRD 图谱

11.3.3　溶液 pH

图 11.17 和图 11.18 分别为不同溶液 pH 条件下样品 N$_2$ 等温吸附-脱附曲线和孔径分布曲线。不同溶液 pH 条件下样品等温吸附-脱附曲线均为Ⅳ类吸附平衡等温曲线，不同的是在等温曲线末端，A-2 和 A-3 样品吸附量有明显的增加过程，表明 A-2 和 A-3 样品在高压吸附段可能存在少量大孔的吸附，而 A-1 样品在高压段吸附较为平稳，表明 A-1 样品孔结构较为均一。从图 11.18 所示的孔径分布曲线和表 11.6 所示的样品孔隙结构参数可以看出，A-2 和 A-3 具有更大的孔体积和孔径，可能是由于溶液 pH 升高，溶液体系电荷密度降低，从而减小了模板剂所形成的胶束曲率，导致孔隙增大。

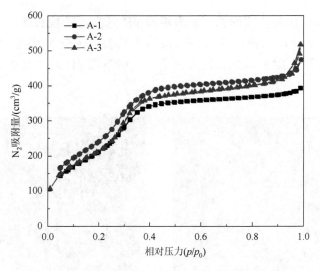

图 11.17　A-1、A-2 和 A-3 样品 N₂ 等温吸附-脱附曲线

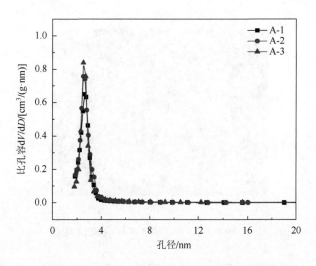

图 11.18　A-1、A-2 和 A-3 样品孔径分布曲线

表 11.6　A-1、A-2 和 A-3 样品孔隙结构参数

样品	比表面积/(m²/g)	孔体积/(cm³/g)	平均孔径/nm
A-1	883.10	0.68	2.66
A-2	1034.71	0.83	3.05
A-3	782.56	0.86	3.42

图 11.19 给出了不同溶液 pH 条件下样品 SEM 图像。从图 11.19 中可以看出，

各样品均呈现疏松多孔的形貌。随着溶液 pH 升高，颗粒的均一性有所下降，可能是由于溶液 pH 升高，模板剂胶束曲率减小。这与 N_2 等温吸附-脱附曲线推测的结果一致，但整体变化程度较小，表明溶液 pH 对所合成样品表观形貌影响较小。

(a) A-1

(b) A-2

(c) A-3

图 11.19　A-1、A-2 和 A-3 样品 SEM 图像

不同溶液 pH 条件下样品 SA-XRD 图谱如图 11.20 所示。从图 11.20 中可以看出，所有样品在不同的溶液 pH 条件下都存在较强的(100)晶面衍射峰。但是随着溶液 pH 升高，样品的(110)晶面衍射峰有所减弱，(200)晶面衍射峰几乎消失。溶液 pH 升高造成模板剂胶束曲率减小，六方相逐渐向立方相和层状相转变，这与 N_2 等温吸附-脱附曲线和 SEM 分析结果一致。此外，A-2 和 A-3 样品的衍射峰位置向右偏移，说明样品的晶胞参数随着溶液 pH 的升高而减小。

基于以上实验及表征分析结果，本节提出 γ-Ca_2SiO_4 向硅基吸附剂的转变机制，如图 11.21 所示。酸处理过程 H^+ 破坏 γ-Ca_2SiO_4 矿相的晶体结构［图 11.21（a）］，晶体中 Ca 被 H 取代，转化为溶液中的 $Si(OH)_4$ 和 Ca^{2+}［图 11.21（b）］。溶液中的

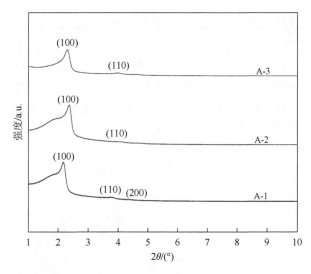

图 11.20　A-1、A-2 和 A-3 样品 SA-XRD 图谱

Si(OH)$_4$ 为合成硅基吸附剂的 Si 源，在模板 CTAB 的胶束作用下 [图 11.21（c）]，Si 与 O 和模板剂自组装形成有序的六方介观相 [图 11.21（d）]。通过煅烧去除内部模板胶束，形成硅基吸附剂 [图 11.21（e）]。

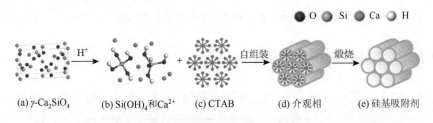

图 11.21　γ-Ca$_2$SiO$_4$ 向硅基吸附剂的转变机制（扫封底二维码可见彩图）

11.4　调质钢渣源硅基吸附剂吸附性能评价

11.4.1　CO$_2$ 吸附性能评价

图 11.22 为钢渣源硅基吸附剂的 CO$_2$ 吸附量。由图 11.22 可以看出，S-N 样品的吸附量较小，仅为 21.32mg/g，由钢渣源硅基吸附剂的孔隙结构特征可以发现，由于未加入模板剂，此时样品的比表面积仅为 475.81m^2/g，样品表观形貌呈现块状，较少的孔隙无法吸附较多的 CO$_2$ 气体。S-20 样品的吸附量增加至 31.42mg/g，此时样品的比表面积依然较小，由于合成温度较低，样品未完全形成有序的孔结构。当合成温度为 70℃时，S-70 样品的吸附量达到 60.25mg/g，此时样品孔隙结

构趋于有序化，且比表面积较大，有利于 CO_2 气体进入孔隙结构中。当合成温度为 120℃时，S-120 样品的吸附量有所减少，为 48.76mg/g，这是由于样品孔结构有序化，孔径及孔体积增加，导致比表面积有所减小，因此吸附量减少。

相比于 γ-Ca_2SiO_4 制备所得硅基吸附剂，钢渣源硅基吸附剂的 CO_2 吸附量整体有所减少，这可能是由于钢渣源硅基吸附剂制备过程中过多杂质离子导致硅基吸附剂各样品比表面积有所减小。

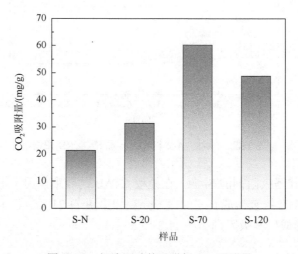

图 11.22　钢渣源硅基吸附剂 CO_2 吸附量

11.4.2　亚甲基蓝吸附性能评价

图 11.23 为不同合成条件钢渣源硅基吸附剂的亚甲基蓝吸附量。由图 11.23

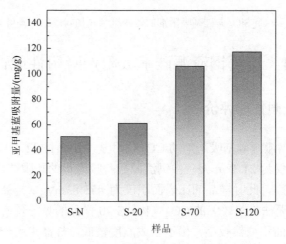

图 11.23　钢渣源硅基吸附剂亚甲基蓝吸附量

可以看出，S-N 样品的吸附量较小，仅为 50.69mg/g，说明 S-N 样品比表面积较小且孔径不均匀，导致吸附量较小。随着合成温度的升高，吸附量逐渐增加，当合成温度为 70℃时，S-70 样品较 S-20 样品吸附量明显提升，S-70 样品的吸附量达到 106.20mg/g。S-120 样品的吸附量进而增加至 117.53mg/g。

11.4.3　吸附性能对比分析

为了进一步评价钢渣源硅基吸附剂的吸附效果，将其与相关文献所得硅基吸附剂的吸附性能进行对比。表 11.7 列出了不同原料合成硅基吸附剂的 CO_2 吸附量。从表 11.7 中可以看出，本章所得到的硅基吸附剂相比于同类型硅基吸附剂具有较高的 CO_2 吸附量。此外，以固体废弃物合成硅基吸附剂会有杂质离子掺入，不可避免地会对硅基吸附剂的吸附效果产生影响。本章所得到的硅基吸附剂纯度较高，为高吸附性能硅基吸附剂制备和钢渣资源高值化利用奠定了基础。

表 11.7　不同原料合成硅基吸附剂的 CO_2 吸附量

原料	吸附量/(mg/g)	参考文献
粉煤灰	9.6	[56]
粉煤灰	35.8	[105]
TEOS	44.0	[106]
TEOS	28.1	[107]
$2.5SiO_2 \cdot Na_2O$	89.3	[108]
钢渣	73.0	[109]
钢渣	60.25	本章

表 11.8 对比了不同原料合成硅基吸附剂的亚甲基蓝吸附量。由表 11.8 可以看出，本章所得到的硅基吸附剂相比于同类型硅基吸附剂显示出较佳的吸附性能，为拓宽钢渣源硅基吸附剂应用领域奠定了基础。

表 11.8　不同原料合成硅基吸附剂的亚甲基蓝吸附量

原料	吸附量/(mg/g)	参考文献
TEOS	87.8	[110]
大象草	123.5	[111]
铁尾矿	192.0	[112]
蛭石	11.7	[113]

续表

原料	吸附量/(mg/g)	参考文献
稻壳灰	50.5	[114]
稻壳	52.6	[115]
钢渣	117.53	本章

基于碳捕集工艺的钢渣源硅基吸附剂合成工艺路线如图 11.24 所示。钢渣经过磁选，将其中大量 Fe 选出；铵浸，将其中 Ca 浸出，用于碳捕集过程；铵浸尾渣经过酸浸，将其中 Mg、Si、Al 等大部分元素浸出；向溶液中添加模板剂，合成硅基吸附剂；滤液返回酸浸过程，经过反复浸取，富集在溶液中的 Mg 用于碳捕集，Al 可用于制备铝基材料。

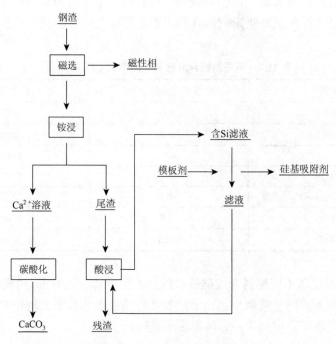

图 11.24　基于碳捕集工艺的钢渣源硅基吸附剂合成工艺路线

11.5　本　章　小　结

本章研究了钢渣源硅基吸附剂的制备与应用，探究了合成温度、合成时间和溶液 pH 对硅基吸附剂结构和性能的影响规律，证明了以钢渣作为原料制备硅基吸附剂的可行性。本章所得主要结论如下。

（1）采用 CTAB 作为模板剂，当合成温度为 120℃、合成时间为 4h、pH 为 1 时所得到的硅基吸附剂的孔结构有序性较好，材料的比表面积、孔体积和孔径分别为 883.10m^2/g、0.68cm^3/g 和 2.66nm。

（2）揭示了调质钢渣源中 Si 组元向硅基吸附剂的转变行为，认为 Si 首先溶解于酸性溶液中，在模板剂作用下 Si 和 O 自组装形成介观相，煅烧后模板剂脱离体系，形成多孔硅基吸附剂。

（3）探讨了硅基吸附剂对 CO_2 和亚甲基蓝的吸附性能。硅基吸附剂的 CO_2 吸附量达到 60.25mg/g，亚甲基蓝吸附量达到 117.53mg/g。相比于其他含 Si 原料制备的硅基吸附剂，该硅基吸附剂表现出较优的吸附性能。

第12章 总 结

钢铁行业是我国工业的基础性产业，也是降污排碳的重点行业。在"双碳"背景下，聚焦新质生产力，促进多源废弃物协同治理与高效利用，是关乎企业竞争力和可持续发展的关键问题。本书基于钢渣碳捕集存在的关键瓶颈，开展了基础理论研究与关键技术开发，分析了未来发展的技术方向，旨在推进新方法、新工艺的迭代升级和落地转化。本书所得主要结论如下。

（1）不同种类钢渣中 Ca 的赋存形式不同，BOF 渣中 Ca 主要赋存于 C_3S 相和 C_2F 相中，EAF 渣中 Ca 主要以 C_3MS_2 相存在，LF 渣中 Ca 主要赋存于 C_3A 相和 $C_{12}A_7$ 相中。三种钢渣在酸性溶液（CH_3COOH 溶液和 NH_4Cl 溶液）中的 Ca 溶出能力不同，其有效碳封存量为 BOF 渣 > EAF 渣 ≈ LF 渣。钢渣在溶液中的 Ca 浸出行为差异与其矿相组成和浸出产物有关。钢渣浸出产物主要有富 Si 相、富 Fe 相、Si—O—H 相和 Al—O—H 相，矿相组成由原始矿相与溶液环境共同决定。

（2）根据热力学计算和矿相浸出实验，得出钢渣矿相浸出反应性：CaO > 硅酸盐（γ-C_2S、C_3MS_2 和 C_2MS_2）相和 C_3A 相 > 铝酸盐（$C_{12}A_7$ 和 CA）相和铁酸盐相（C_2F），且反应性与其晶体结构有关。硅酸盐相经酸性溶液浸蚀后剩余贫 Ca 富 Si 相和硅胶，铝酸盐相浸蚀后剩余贫 Ca 富 Al 相和 $Al(OH)_3$，铁酸盐相（C_2F）浸蚀后表面剩余贫 Ca 富 Fe 相。浸出产物覆盖于未反应颗粒表面，阻碍矿相的溶解。

（3）BOF 渣的凝固结晶行为为：RO 相（$MgO \cdot FeO \cdot MnO$）存在于 1600℃熔渣中，随着温度的降低，C_3S 相和 α-C_2S 相结晶析出，推测 C_2F 相晚于其他矿相形成。BOF 渣中的结晶相具有较快的结晶速率，仅通过控制熔渣冷却工艺很难实现 BOF 渣的矿相调控。

（4）BOF 熔渣的矿相调控目标为：将 Ca 富集于（高）反应活性相中，抑制反应惰性相形成，并利于 Fe 资源（磁性相）回收。结合高温熔渣矿相调控模拟实验，本书提出了面向碳捕集的 BOF 渣 Ca 深度提取和 Fe 资源回收的矿相调控工艺路线：以 SiO_2 为矿相调控剂，控制熔渣中 CaO 与 SiO_2 的质量比为 2.5 左右，以一定冷却速率（1~6℃/min）降至 1300℃，保温 1h。SiO_2 矿相调控剂可改变 BOF 渣的矿相结构，γ-C_2S 相为主要含 Ca 矿相，Fe 的主要赋存状态从 C_2F 相转变为磁性相 $Fe_3O_4 \cdot MgO \cdot MnO$。所得调控渣经磁选处理后可实现 Ca 和 Fe 资源的有效分离。

（5）调质钢渣在 CH_3COOH 溶液和 NH_4Cl 溶液中表现出不同的元素溶出行

为。Ca^{2+} 在 CH_3COOH 溶液中浸出率约为 94%，同时伴有 Mg、Si 和 Al 等元素的溶出。NH_4Cl 溶液具有较高的选择性浸出特性，有利于得到较为纯净的 $CaCO_3$ 产品。NH_4Cl 溶液处理调质钢渣的浓度以 0.5~1mol/L 较佳。另外，液-固比对渣中 Ca 的提取有显著影响。当液-固比为 10~100mL/g 时，Ca 浸出率随着液-固比的增大而显著增加（从 26%增加到 56%）。当液-固比为 100~1000mL/g 时，Ca 浸出率受液-固比影响减小，Ca 浸出率为 56%~62%。

（6）在 Ca^{2+} 碳酸化气-液-固三相反应过程中，$CaCO_3$ 产物发生了菱面体方解石向球形球霰石的晶型转变，且转变机制为方解石溶解—球霰石结晶。通入气体中 CO_2 体积分数越低，所需碳酸化时间越长，CO_2 捕集效率越低。当通入气体中的 CO_2 体积分数小于 5%时，不宜直接进行溶液的碳捕集工艺。通入气体中 CO_2 体积分数增加有利于 CO_2 捕集效率的提高。CO_2 体积分数影响 $CaCO_3$ 产物的晶型和形貌，通入气体中高 CO_2 体积分数有利于球霰石晶体的形成。另外，$CaCO_3$ 的团聚现象与 CO_2 体积分数正相关。分子动力学研究表明，溶液体系中 Ca^{2+} 与 CO_3^{2-} 通过离子键进行键合，且相互作用距离约为 4.0Å。

（7）乙二醇和柠檬酸对 Ca^{2+} 碳酸化行为的影响表现为：乙二醇的加入有利于 $CaCO_3$ 的生成，但产物为方解石和球霰石的混合物，应用价值有限。柠檬酸的加入改变了 $CaCO_3$ 的晶型转变方式，产物由无定形 $CaCO_3$ 向方解石转变。添加剂通过吸附在 $CaCO_3$ 表面影响其生长和形貌的变化。

（8）利用钢渣可系列化制备钙基、硅基等 CO_2 吸附剂。Ca/Mg 摩尔比和 CO_2 体积分数对钙基 CO_2 吸附剂的循环吸附性能有影响：$4CaO \cdot MgO$ 吸附剂在第 2 次循环吸附后显示出较好的吸附性能，吸附量约为 0.60g/g。当 CO_2 体积分数为 10%~20%时，吸附剂的 CO_2 吸附量随着 CO_2 体积分数的增加而增大，吸附过程对 CO_2 体积分数属于一级反应。

（9）对于硅基吸附剂，当合成温度为 120℃、合成时间为 4h、pH 为 1 时所得到的孔结构有序性较好，材料的比表面积、孔体积和孔径分别为 883.10m²/g、0.68cm³/g 和 2.66nm。硅基吸附剂的 CO_2 吸附量达到 60.25mg/g，亚甲基蓝吸附量达到 117.53mg/g。相比于其他含 Si 原料制备的硅基吸附剂，该硅基吸附剂表现出较优的吸附性能，为钢渣源硅基吸附剂用于工业废水的净化和钢铁企业 CO_2 的原位减排奠定了研究基础。

以上研究为钢渣碳捕集及其资源化利用提供了良好的理论基础和技术指导。通过高温熔融改质不锈钢渣的方法消除/减弱了钢渣 Cr 组元潜在的环境隐患。调质钢渣在进行 CO_2 捕集应用的同时，基本实现了钢渣中全组元的综合利用。其中，Ca 组元可用于碳酸化反应并得到碳酸盐产物，Ca、Mg 组元可用于制备钙基 CO_2 吸附剂，MgO 的掺入有利于 CO_2 循环吸附性能的改善。Si 作为钢渣中的第二大组元，可用于制备硅基吸附剂，经测试可用于 CO_2 捕集及废水处理。

　　尽管取得了一定成果，现有研究与钢渣碳捕集工艺的规模化应用仍有一定距离，未来的研究方向应侧重以下几点。

　　（1）高温熔渣的在线调质改性技术仍待进一步研究。改质剂和冷却制度对熔渣晶体和熔体的微观、瞬时、非平衡演变行为有待深入分析，与现有渣处理技术及装备的有机结合存在一定困难。

　　（2）钢渣间接碳捕集配套技术仍待进一步研究。针对钢铁企业特点，协同开发高效氨循环、废液处置、余热利用等配套技术和装备需进一步深入。$CaCO_3$ 产品的市场容量和价值有限，系列化高值化开发钢渣碳捕集技术和产品，是实现钢渣间接碳捕集技术规模化应用的关键。

　　（3）高品质长寿命 CO_2 吸附剂的低成本制备仍待进一步研究。钢渣一次碳捕集难以满足钢铁企业和相关工业的碳减排需求。以钢渣为原料，设计开发具有长期稳定循环吸附能力的 CO_2 吸附剂，并进行跨行业推广应用，对于实现"双碳"目标具有重要意义。

参 考 文 献

[1] Reddy K R, Gopakumar A, Chetri J K. Critical review of applications of iron and steel slags for carbon sequestration and environmental remediation[J]. Reviews in Environmental Science and Bio-Technology, 2019, 18(1): 127-152.

[2] 李灿华, 向晓东, 涂晓芊. 钢渣处理及资源化利用技术[M]. 武汉: 中国地质大学出版社, 2016.

[3] Das P, Upadhyay S, Dubey S, et al. Waste to wealth: Recovery of value-added products from steel slag[J]. Journal of Environmental Chemical Engineering, 2021, 9(4): 105640.

[4] 操龙虎, 刘承军, 赵青, 等. 不同碱度下不锈钢渣中铬的迁移及富集行为[J]. 炼钢, 2016, 32(6): 73-78.

[5] 姚娜, 李荣, 张利武. SiO_2 对钢渣矿相组成的影响[J]. 矿产综合利用, 2018, 212(4): 137-139.

[6] Tossavainen M, Engstrom F, Yang Q, et al. Characteristics of steel slag under different cooling conditions[J]. Waste Management, 2007, 27(10): 1335-1344.

[7] Reddy A S, Pradhan R K, Chandra S. Utilization of basic oxygen furnace (BOF) slag in the production of a hydraulic cement binder[J]. International Journal of Mineral Processing, 2006, 79(2): 98-105.

[8] 黄毅, 徐国平, 杨巍. 不同处理工艺的钢渣理化性质和应用途径对比分析[J]. 矿产综合利用, 2014(6): 62-66.

[9] 潘铁, 姜晓. 冷却制度对包钢钢渣物相演变的影响[J]. 包钢科技, 2014, 40(5): 43-47.

[10] 侯新凯, 贺宁, 袁静舒, 等. 钢渣中二价金属氧化物固溶体的选别性研究[J]. 硅酸盐学报, 2013, 41(8): 1142-1150.

[11] Wang G, Wang Y H, Gao Z L. Use of steel slag as a granular material: Volume expansion prediction and usability criteria[J]. Journal of Hazardous Materials, 2010, 184(1-3): 555-560.

[12] 张朝晖, 李林波, 韦武强, 等. 冶金资源综合利用[M]. 北京: 冶金工业出版社, 2011.

[13] 李新创. 中国钢铁工业绿色低碳发展路径[M]. 北京: 冶金工业出版社, 2022.

[14] 潘海峰, 邵水松. 铬渣堆存区土壤重金属污染评价[J]. 环境与开发, 1994(2): 268-270.

[15] 潘金芳, 冯晓西, 张大年. 化工铬渣中铬的存在形态研究[J]. 上海环境科学, 1996, 15(3): 15-17.

[16] Engström F. Mineralogical influence of different cooling conditions on leaching behaviour of steelmaking slag[D]. Luleå: Luleå University of Technology, 2007.

[17] 操龙虎. 不锈钢渣中铬的富集及稳定化控制研究[D]. 沈阳: 东北大学, 2018.

[18] 何亮, 詹程阳, 吕松涛, 等. 钢渣沥青混合料应用现状[J]. 交通运输工程学报, 2020, 20(2): 15-33.

[19] 李鹏, 邓覃浩, 邹均芳, 等. 钢渣重金属元素的浸出行为与生态风险评估[J]. 长沙理工大

学学报(自然科学版)，2022，19(3)：137-148.

[20] 李沙，王肇嘉，王明威，等. 钢渣中重金属在水泥基胶凝材料的长期浸出行为[J]. 环境工程，2023，41(3)：136-142.

[21] 胡锐. 钢渣及其沥青混合料的重金属溶出特性与风险评估[D]. 武汉：武汉理工大学，2021.

[22] 何志军，张军红，刘吉辉，等. 钢铁冶金过程环保新技术[M]. 北京：冶金工业出版社，2017.

[23] 吴剑. 钢铁冶炼行业土壤及地下水污染防治[M]. 南京：河海大学出版社，2020.

[24] 李鸿江，刘清，赵由才. 冶金过程固体废物处理与资源化[M]. 北京：冶金工业出版社，2007.

[25] 王绍文，梁富智，王纪曾. 固体废弃物资源化技术与应用[M]. 北京：冶金工业出版社，2003.

[26] 赵莹，程桂石，董长青. 垃圾能源化利用与管理[M]. 上海：上海科学技术出版社，2013.

[27] 于勇，王新东. 钢铁工业绿色工艺技术[M]. 北京：冶金工业出版社，2017.

[28] Song Q F，Guo M Z，Wang L，et al. Use of steel slag as sustainable construction materials: A review of accelerated carbonation treatment[J]. Resources，Conservation and Recycling，2021，173：105740.

[29] Gao D，Wang F P，Wang Y T，et al. Sustainable utilization of steel slag from traditional industry and agriculture to catalysis[J]. Sustainability，2020，12(21)：9295.

[30] He L，Chen Y J，Bocharnikova E，et al. Research progress of slag silicon fertilizer on rice yield and control of heavy metal pollution in paddy field[J]. Journal of Agricultural Science and Technology，2018，9：232-233.

[31] Ning D F，Song A L，Fan F L，et al. Effects of slag-based silicon fertilizer on rice growth and brown-spot resistance[J]. PLoS One，2014，9(7)：e102681.

[32] 王晓军，高洪生，张磊，等. 钢渣硅肥在白菜种植中的应用[J]. 北方园艺，2018(22)：18-22.

[33] 徐仁扣，李九玉，周世伟，等. 我国农田土壤酸化调控的科学问题与技术措施[J]. 中国科学院院刊，2018，33(2)：160-167.

[34] 杨刚，李辉，陈华. 钢渣微粉对重金属污染土壤的修复及机理研究[J]. 建筑材料学报，2021，24(2)：318-322.

[35] Zhang H，Yu X K，Xu X P，et al. Study on repairing mechanism of wind quenching slag power in heavy metal contaminated soil by XRD and SEM[J]. Spectroscopy and Spectral Analysis，2021，41(1)：278-284.

[36] Takahashi T，Yabuta K. New applications for iron and steelmaking slag[J]. Materials Science Engineering，2002，87：38-44.

[37] Wang X J，Xue J C，He M，et al. The effects of vermicompost and steel slag amendments on the physicochemical properties and bacterial community structure of acidic soil containing copper sulfide mines[J]. Applied Sciences，2024，14(3)：1289.

[38] Futatsuka T，Shitogiden K，Miki T，et al. Dissolution behavior of nutrition elements from steelmaking slag into seawater[J]. ISIJ International，2004，44(4)：753-761.

[39] Nakamura Y，Taniguchi A，Okada S，et al. Positive growth of phytoplankton under conditions enriched with steel-making slag solution[J]. ISIJ International，1998，38(4)：390-398.

[40] Haraguchi K，Suzuki K，Taniguchi A. Effects of steelmaking slag addition on growth of marine phytoplankton[J]. ISIJ International，2003，43(9)：1461-1468.

[41] Juneja A. An overview of methods of SCP installation in the laboratory[J]. Japanese Geotechnical Society Special Publication，2015，3(2)：86-89.

[42] Fisher L V，Barron A R. The recycling and reuse of steelmaking slags—A review[J]. Resources，Conservation and Recycling，2019，146：244-255.

[43] Pang L，Liao S C，Wang D Q，et al. Influence of steel slag fineness on the hydration of cement-steel slag composite pastes[J]. Journal of Building Engineering，2022，57：104866.

[44] Singh S K，Jyoti，Vashistha P. Development of newer composite cement through mechano-chemical activation of steel slag[J]. Construction and Building Materials，2021，268：121147.

[45] Yuan S，Qin Y H，Jin Y P，et al. Suspension roasting process of vanadium-bearing stone coal：Characterization，kinetics and thermodynamics[J]. Transactions of Nonferrous Metals Society of China，2022，32(11)：3767-3779.

[46] Mahoutian M，Shao Y X. Production of cement-free construction blocks from industry wastes[J]. Journal of Cleaner Production，2016，137：1339-1346.

[47] Zhu X，Hou H B，Huang X Q，et al. Enhance hydration properties of steel slag using grinding aids by mechanochemical effect[J]. Construction and Building Materials，2012，29：476-481.

[48] Nan X L，Yang L L，Tang W B，et al. Gray correlation analysis of the influence of particle size distribution of steel slag on hydraulic activity of steel slag cement[J]. Journal of Lanzhou University of Technology，2021，47(5)：138-143.

[49] Liu F，Chen M Z，Li F Z，et al. Effect of ground steel slag powder on cement properties[J]. Materials Research Innovations，2015，19(S1)：150-153.

[50] Zhou M K，Cheng X，Chen X. Studies on the volumetric stability and mechanical properties of cement-fly-ash-stabilized steel slag[J]. Materials，2021，14(3)：495.

[51] Fang M，Fang G X，Xia Y X，et al. Study on compressive strength of concrete mixed by steel slag powder and fly ash[J]. IOP Conference Series：Earth and Environmental Science，2020，508(1)：012183.

[52] Zheng W C，Zhao L，Zhang H，et al. Activation mechanisms of silica fume and blast furnace slag on steel slag hydrated gelling systems[J]. Ironmaking & Steelmaking，2022，57(5)：146-155.

[53] Chen Z M，Li R，Zheng X M，et al. Carbon sequestration of steel slag and carbonation for activating RO phase[J]. Cement and Concrete Research，2021，139：106271.

[54] Yang L Y，Chen J，Yuan P，et al. Research review of heavy metal ions removal from waste water by steelmaking slag[J]. Iron and Steel，2017，52(8)：1-9.

[55] Manchisi J，Matinde E，Rowson N A，et al. Ironmaking and steelmaking slags as sustainable adsorbents for industrial effluents and wastewater treatment：A critical review of properties，performance，challenges and opportunities[J]. Sustainability，2020，12(5)：2118.

[56] Lin S N，Zhang T A，Cao X J，et al. Recovery of converter steel slag to prepare catalytic H_2O_2 degradation of dye wastewater as a catalyst[J]. Journal of Materials Science：Materials in Electronics，2021，32(20)：24889-24901.

[57] Yang M Y，Lu C F，Quan X J，et al. Mechanism of acid mine drainage remediation with steel

slag: A review[J]. ACS Omega, 2021, 6(45): 30205-30213.

[58] Zhu L J, Wang W J, Jin Q. Removal of Cr (III) and Cr (VI) in wastewater by steel slag[J]. Multipurpose Utilization of Mineral Resources, 2019, 5: 98-101.

[59] Lu H B, Xiao L P, Wang T, et al. The application of steel slag in a multistage pond constructed wetland to purify low-phosphorus polluted river water[J]. Journal of Environmental Management, 2021, 292: 112578.

[60] Gunning P J, Hills C D, Carey P J. Accelerated carbonation treatment of industrial wastes[J]. Waste Management, 2010, 30(6): 1081-1090.

[61] Li J J, Zhao S W, Song X Q, et al. Carbonation curing on magnetically separated steel slag for the preparation of artificial reefs[J]. Materials, 2022, 15(6): 2055.

[62] Polettini A, Pomi R, Stramazzo A. Carbon sequestration through accelerated carbonation of BOF slag: Influence of particle size characteristics[J]. Chemical Engineering Journal, 2016, 298: 26-35.

[63] Bonenfant D, Kharoune L, Sauvé S, et al. CO_2 sequestration by aqueous red mud carbonation at ambient pressure and temperature[J]. Industrial & Engineering Chemistry Research, 2008, 47(20): 7617-7622.

[64] Luo Y B, He D F. Research status and future challenge for CO_2 sequestration by mineral carbonation strategy using iron and steel slag[J]. Environmental Science and Pollution Research, 2021, 28(36): 49383-49409.

[65] 刘建平, 陈林, 宇文超, 等. 超声波增强炼钢渣中钙的浸出用于 CO_2 矿物封存[J]. 钢铁钒钛, 2022, 43(1): 91-98.

[66] 张雄. 沸石改性钢渣制品碳酸化机理研究[D]. 大连: 大连理工大学, 2021.

[67] 王协琴. 温室效应和温室气体减排分析[J]. 天然气技术, 2008, 2(6): 53-58, 79-80.

[68] 李春鞠, 顾国维. 温室效应与二氧化碳的控制[J]. 环境保护科学, 2000, 26(2): 13-15.

[69] Hannah R, Max R, Pablo R. CO_2 and greenhouse gas emissions[J/OL]. (2020-06)[2024-01-22]. https://ourworldindata.org/greenhouse-gas-emissions.

[70] Quader M A, Ahmed S, Ghazilla R A R, et al. A comprehensive review on energy efficient CO_2 breakthrough technologies for sustainable green iron and steel manufacturing[J]. Renewable and Sustainable Energy Reviews, 2015, 50: 594-614.

[71] Selamat S N, Nor N H M, Rashid M H A, et al. Review of CO_2 reduction technologies using mineral carbonation of iron and steel making slag in Malaysia[J]. Journal of Physics Conference Series, 2017, 914: 012012.

[72] Blomen E, Hendriks C, Neele F. Capture technologies: Improvements and promising developments[J]. Energy Procedia, 2009, 1(1): 1505-1512.

[73] Knoope M M J, Ramírez A, Faaij A P C. A state-of-the-art review of techno-economic models predicting the costs of CO_2 pipeline transport[J]. International Journal of Greenhouse Gas Control, 2013, 16: 241-270.

[74] Hoffmann S, Bartlett M, Finkenrath M, et al. Performance and cost analysis of advanced gas turbine cycles with precombustion CO_2 capture[J]. Journal of Engineering for Gas Turbines and Power, 2009, 131(2): 1-7.

[75]　Elwell L C，Grant W S. Technology options for capturing CO_2—Special reports[J]. Power，
　　　2006，8：60-65.

[76]　乌云. 煤炭气化工艺与操作[M]. 北京：北京理工大学出版社，2013.

[77]　Samanta A，Bandyopadhyay S S. Absorption of carbon dioxide into aqueous solutions of
　　　piperazine activated 2-amino-2-methyl-1-propanol[J]. Chemical Engineering Science，2009，
　　　64(6)：1185-1194.

[78]　Mazinani S，Samsami A，Jahanmiri A，et al. Solubility (at low partial pressures)，density，
　　　viscosity，and corrosion rate of carbon dioxide in blend solutions of monoethanolamine (MEA)
　　　and sodium glycinate (SG)[J]. Journal of Chemical & Engineering Data，2011，56(7)：3163-
　　　3168.

[79]　Fredriksen S B，Jens K J. Oxidative degradation of aqueous amine solutions of MEA，AMP，
　　　MDEA，Pz: A review[J]. Energy Procedia，2013，37：1770-1777.

[80]　Clausse M，Merel J，Meunier F. Numerical parametric study on CO_2 capture by indirect thermal
　　　swing adsorption[J]. International Journal of Greenhouse Gas Control，2011，5(5)：1206-1213.

[81]　Kulkarni A R，Sholl D S. Analysis of equilibrium-based TSA processes for direct capture of
　　　CO_2 from air[J]. Industrial & Engineering Chemistry Research，2012，51(25)：8631-8645.

[82]　Yave W，Car A，Funari S S，et al. CO_2-philic polymer membrane with extremely high separation
　　　performance[J]. Macromolecules，2010，43(1)：326-333.

[83]　Kazemifar F. A review of technologies for carbon capture，sequestration，and utilization: Cost，
　　　capacity，and technology readiness[J]. Greenhouse Gases: Science and Technology，2022，
　　　12(1)：200-230.

[84]　Adams E E，Caldeira K. Ocean storage of CO_2[J]. Elements，2008，4(5)：319-324.

[85]　Williamson P，Turley C. Ocean acidification in a geoengineering context[J]. Philosophical
　　　Transactions of the Royal Society，Mathematical，Physical，and Engineering Sciences，2012，
　　　370(1974)：4317-4342.

[86]　Marchetti C. On geoengineering and the CO_2 problem[J]. Climatic Change，1977，1(1)：59-68.

[87]　Zhuang W，Song X C，Liu M，et al. Potential capture and conversion of CO_2 from oceanwater
　　　through mineral carbonation[J]. Science of the Total Environment，2023，867：161589.

[88]　Gislason S R，Oelkers E H. Geochemistry. Carbon storage in basalt[J]. Science，2014，344(6182)：
　　　373-374.

[89]　Goldberg D S，Takahashi T，Slagle A L. Carbon dioxide sequestration in deep-sea basalt[J].
　　　Proceedings of the National Academy of Sciences，2008，105(29)：9920-9925.

[90]　Smyth R C，Meckel T A. Best management practices for subseabed geologic sequestration of
　　　carbon dioxide[C]. IEEE Oceans，Hampton Roads，2012：1-6.

[91]　Lackner K S. Carbonate chemistry for sequestering fossil carbon[J]. Annual Review of Energy
　　　and the Environment，2002，27：193-232.

[92]　Tian S C，Jiang J G，Chen X J，et al. Direct gas-solid carbonation kinetics of steel slag and the
　　　contribution to in situ sequestration of flue gas CO_2 in steel-making plants[J]. ChemSusChem，
　　　2013，6(12)：2348-2355.

[93]　Rushendra Revathy T D，Palanivelu K，Ramachandran A. Direct mineral carbonation of

steelmaking slag for CO_2 sequestration at room temperature[J]. Environmental Science and Pollution Research，2016，23(8)：7349-7359.

[94] Huijgen W J J. Carbon dioxide sequestration by mineral carbonation[D]. Wageningen：Wageningen University，2007.

[95] Huijgen W J J，Witkamp G J，Comans R N J. Mineral CO_2 sequestration by steel slag carbonation[J]. Environmental Science & Technology，2005，39(24)：9676-9682.

[96] Bonenfant D，Kharoune L，Sauvé S，et al. CO_2 sequestration potential of steel slags at ambient pressure and temperature[J]. Industrial & Engineering Chemistry Research，2008，47(20)：7610-7616.

[97] Lekakh S N，Rawlins C H，Robertson D G C，et al. Kinetics of aqueous leaching and carbonization of steelmaking slag[J]. Metallurgical and Materials Transactions B，2008，39(1)：125-134.

[98] Baciocchi R，Costa G，Di Bartolomeo E，et al. Carbonation of stainless steel slag as a process for CO_2 storage and slag valorization[J]. Waste and Biomass Valorization，2010，1(4)：467-477.

[99] Santos R M，Ling D，Sarvaramini A，et al. Stabilization of basic oxygen furnace slag by hot-stage carbonation treatment[J]. Chemical Engineering Journal，2012，203：239-250.

[100] Myers C A，Nakagaki T，Akutsu K. Quantification of the CO_2 mineralization potential of ironmaking and steelmaking slags under direct gas-solid reactions in flue gas[J]. International Journal of Greenhouse Gas Control，2019，87：100-111.

[101] Olajire A A. A review of mineral carbonation technology in sequestration of CO_2[J]. Journal of Petroleum Science and Engineering，2013，109：364-392.

[102] Chang E E，Pan S Y，Chen Y H，et al. Accelerated carbonation of steelmaking slags in a high-gravity rotating packed bed[J]. Journal of Hazardous Materials，2012，227：97-106.

[103] Gopinath S，Mehra A. Carbon sequestration during steel production：Modelling the dynamics of aqueous carbonation of steel slag[J]. Chemical Engineering Research and Design，2016，115：173-181.

[104] 唐海燕，孟文佳，孙绍恒，等. 炼钢炉渣的浸出和碳酸化[J]. 北京科技大学学报，2014，36(S1)：27-31.

[105] Hong S J，Park A H A，Park Y. Evaluation of elemental leaching behavior and morphological changes of steel slag in both acidic and basic conditions for carbon sequestration potential[J]. Korean Journal of Chemical Engineering，2021，38(11)：2279-2285.

[106] Engström F，Larsson M L，Samuelsson C，et al. Leaching behavior of aged steel slags[J]. Steel Research International，2014，85(4)：607-615.

[107] Wang C Y，Bao W J，Guo Z C，et al. Carbon dioxide sequestration via steelmaking slag carbonation in alkali solutions：Experimental investigation and process evaluation[J]. Acta Metallurgica Sinica (English Letters)，2018，31(7)：771-784.

[108] Doucet F J. Effective CO_2-specific sequestration capacity of steel slags and variability in their leaching behaviour in view of industrial mineral carbonation[J]. Minerals Engineering，2010，23(3)：262-269.

[109] Ragipani R，Bhattacharya S，Suresh A K. Kinetics of steel slag dissolution：From experiments to modelling[J]. Proceedings Mathematical，Physical，and Engineering Sciences，2019，

475(2224)：20180830.

[110] Eloneva S，Teir S，Salminen J，et al. Steel converter slag as a raw material for precipitation of pure calcium carbonate[J]. Industrial & Engineering Chemistry Research，2008，47(18)：7104-7111.

[111] Eloneva S，Said A，Fogelholm C J，et al. Preliminary assessment of a method utilizing carbon dioxide and steelmaking slags to produce precipitated calcium carbonate[J]. Applied Energy，2012，90(1)：329-334.

[112] Eloneva S，Teir S，Revitzer H，et al. Reduction of CO_2 emissions from steel plants by using steelmaking slags for production of marketable calcium carbonate[J]. Steel Research International，2009，80(6)：415-421.

[113] Lee S M，Lee S H，Jeong S K，et al. Calcium extraction from steelmaking slag and production of precipitated calcium carbonate from calcium oxide for carbon dioxide fixation[J]. Journal of Industrial and Engineering Chemistry，2017，53：233-240.

[114] Kodama S，Nishimoto T，Yamamoto N，et al. Development of a new pH-swing CO_2 mineralization process with a recyclable reaction solution[J]. Energy，2008，33(5)：776-784.

[115] Teir S. Fixation of carbon dioxide by producing carbonates from minerals and steelmaking slags[D]. Espoo：Helsinki University of Technology，2008.

[116] Said A，Mattila H P，Järvinen M，et al. Production of precipitated calcium carbonate (PCC) from steelmaking slag for fixation of CO_2[J]. Applied Energy，2013，112：765-771.

[117] Zevenhoven R. Metals production，CO_2 mineralization and LCA[J]. Metals，2020，10(3)：342.

[118] Said A，Laukkanen T，Järvinen M. Pilot-scale experimental work on carbon dioxide seques-tration using steelmaking slag[J]. Applied Energy，2016，177：602-611.

[119] Zevenhoven R，Legendre D，Said A，et al. Carbon dioxide dissolution and ammonia losses in bubble columns for precipitated calcium carbonate (PCC) production[J]. Energy，2019，175：1121-1129.

[120] Xu Y Q，Shen C，Lu B W，et al. Study on the effect of NaBr modification on CaO-based sorbent for CO_2 capture and SO_2 capture[J]. Carbon Capture Science & Technology，2021，1：100015.

[121] Xu Y Q，Luo C，Sang H Y，et al. Structure and surface insight into a temperature-sensitive CaO-based CO_2 sorbent[J]. Chemical Engineering Journal，2022，435：134960.

[122] Shimizu T，Hirama T，Hosoda H，et al. A twin fluid-bed reactor for removal of CO_2 from combustion processes[J]. Chemical Engineering Research and Design，1999，77(1)：62-68.

[123] Hanak D P，Biliyok C，Anthony E J，et al. Modelling and comparison of calcium looping and chemical solvent scrubbing retrofits for CO_2 capture from coal-fired power plant[J]. Inter-national Journal of Greenhouse Gas Control，2015，42：226-236.

[124] 方冬东. 改性钢渣钙基材料碳捕集特性实验研究[D]. 马鞍山：安徽工业大学，2020.

[125] Miranda-Pizarro J，Perejón A，Valverde J M，et al. Use of steel slag for CO_2 capture under realistic calcium-looping conditions[J]. RSC Advances，2016，6(44)：37656-37663.

[126] Valverde J M，Miranda-Pizarro J，Perejón A，et al. Calcium-looping performance of steel and blast furnace slags for thermochemical energy storage in concentrated solar power plants[J]. Journal of CO_2 Utilization，2017，22：143-154.

[127] 徐如人，庞文琴. 分子筛与多孔材料化学[M]. 北京：科学出版社，2004.

[128] Chen L H, Jiaqiang E, Ma Y J, et al. Investigation on the influence of modified zeolite molecular sieve on the hydrocarbon adsorbent and adsorption performance during cold-start conditions based on Monte Carlo simulation and grey relational analysis[J]. Fuel, 2022, 319: 123846.

[129] He L, Yao Q X, Sun M, et al. Progress in preparation and catalysis of two-dimensional (2D) and three-dimensional (3D) zeolites[J]. Acta Chimica Sinica, 2022, 80(2): 180.

[130] Chun J, Gu Y M, Hwang J, et al. Synthesis of ordered mesoporous silica with various pore structures using high-purity silica extracted from rice husk[J]. Journal of Industrial and Engineering Chemistry, 2020, 81: 135-143.

[131] Ma Y, Chen H, Shi Y C, et al. Low cost synthesis of mesoporous molecular sieve MCM-41 from wheat straw ash using CTAB as surfactant[J]. Materials Research Bulletin, 2016, 77: 258-264.

[132] Liu J H, Wei X H, Xue J, et al. Preparation and adsorption properties of mesoporous material PS-MCM-41 with low-silicon content peanut shell ash as silicon source[J]. Materials Chemistry and Physics, 2020, 241: 122355.

[133] Panek R, Wdowin M, Franus W, et al. Fly ash-derived MCM-41 as a low-cost silica support for polyethyleneimine in post-combustion CO_2 capture[J]. Journal of CO_2 Utilization, 2017, 22: 81-90.

[134] Fu P F, Yang T W, Feng J, et al. Synthesis of mesoporous silica MCM-41 using sodium silicate derived from copper ore tailings with an alkaline molted-salt method[J]. Journal of Industrial and Engineering Chemistry, 2015, 29: 338-343.

[135] Yang X Y, Tang W J, Liu X Y, et al. Synthesis of mesoporous silica from coal slag and CO_2 for phenol removal[J]. Journal of Cleaner Production, 2019, 208: 1255-1264.

[136] Tang W J, Huang H J, Gao Y J, et al. Preparation of a novel porous adsorption material from coal slag and its adsorption properties of phenol from aqueous solution[J]. Materials & Design, 2015, 88: 1191-1200.

[137] Acaroglu D, Sari Y, Piskin S. Recycle of gold mine tailings slurry into MCM-41 mesoporous silica with high specific surface area[J]. Chemical Industry and Chemical Engineering Quarterly, 2017, 23(4): 581-588.

[138] Gao Y J, Huang H J, Tang W J, et al. Preparation and characterization of a novel porous silicate material from coal gangue[J]. Microporous and Mesoporous Materials, 2015, 217: 210-218.

[139] Lu C, Yang H M, Wang J, et al. Utilization of iron tailings to prepare high-surface area mesoporous silica materials[J]. The Science of the Total Environment, 2020, 736: 139483.

[140] Kang L, Zhang Y J, Wang L L, et al. Alkali-activated steel slag-based mesoporous material as a new photocatalyst for degradation of dye from wastewater[J]. Integrated Ferroelectrics, 2015, 162(1): 8-17.

[141] Jiang H J, Guo H W, Li P, et al. Preparation of CaMgAl-LDHs and mesoporous silica sorbents derived from blast furnace slag for CO_2 capture[J]. RSC Advances, 2019, 9(11): 6054-6063.

[142] Aphane M E, Doucet F J, Kruger R A, et al. Preparation of sodium silicate solutions and silica nanoparticles from South African coal fly ash[J]. Waste and Biomass Valorization, 2020, 11(8):

4403-4417.

[143] Li C C, Qiao X C, Yu J G. Large surface area MCM-41 prepared from acid leaching residue of coal gasification slag[J]. Materials Letters, 2016, 167: 246-249.

[144] Du H, Ma L, Liu X Y, et al. A novel mesoporous SiO_2 material with MCM-41 structure from coal gangue: Preparation, ethylenediamine modification, and adsorption properties for CO_2 capture[J]. Energy & Fuels, 2018, 32(4): 5374-5385.

[145] Alam Q, Hendrix Y, Thijs L, et al. Novel low temperature synthesis of sodium silicate and ordered mesoporous silica from incineration bottom ash[J]. Journal of Cleaner Production, 2019, 211: 874-883.

[146] Tompkins J T, Mokaya R. Steam stable mesoporous silica MCM-41 stabilized by trace amounts of Al[J]. ACS Applied Materials & Interfaces, 2014, 6(3): 1902-1908.

[147] Yang H M, Deng Y H, Du C F, et al. Novel synthesis of ordered mesoporous materials Al-MCM-41 from bentonite[J]. Applied Clay Science, 2010, 47(3-4): 351-355.

[148] Chen H Y, Yang H M, Xi Y F. Highly ordered and hexagonal mesoporous silica materials with large specific surface from natural rectorite mineral[J]. Microporous and Mesoporous Materials, 2019, 279: 53-60.

[149] Wang G J, Wang Y R, Liu Y W, et al. Synthesis of highly regular mesoporous Al-MCM-41 from metakaolin[J]. Applied Clay Science, 2009, 44(1-2): 185-188.

[150] Xie Y L, Tang A D, Yang H M. Synthesis of nanoporous materials Al-MCM-41 from natural halloysite[J]. Nano, 2015, 10(1): 1550005.

[151] Jin J, Ouyang J, Yang H M. One-step synthesis of highly ordered Pt/MCM-41 from natural diatomite and the superior capacity in hydrogen storage[J]. Applied Clay Science, 2014, 99: 246-253.

[152] Yang H M, Tang A D, Ouyang J, et al. From natural attapulgite to mesoporous materials: Methodology, characterization and structural evolution[J]. The Journal of Physical Chemistry B, 2010, 114(7): 2390-2398.

[153] Fu L J, Huo C L, He X, et al. Au encapsulated into Al-MCM-41 mesoporous material: In situ synthesis and electronic structure[J]. RSC Advances, 2015, 5(26): 20414-20423.

[154] Yang H M, Du C F, Jin S M, et al. Enhanced photoluminescence property of SnO_2 nanoparticles contained in mesoporous silica synthesized with leached talc as Si source[J]. Microporous and Mesoporous Materials, 2007, 102(1-3): 204-211.

[155] 沈志虹, 魏兵, 叶鹏, 等. 一种硅铝基介-微孔复合分子筛及其合成方法: CN101638239B[P]. 2012-05-23.

[156] Yang G, Deng Y X, Wang J. Non-hydrothermal synthesis and characterization of MCM-41 mesoporous materials from iron ore tailing[J]. Ceramics International, 2014, 40(5): 7401-7406.

[157] Jammaer J, Aerts A, D'Haen J, et al. Convenient synthesis of ordered mesoporous silica at room temperature and quasi-neutral pH[J]. Journal of Materials Chemistry, 2009, 19(44): 8290-8293.

[158] Oliveira M R, Deon M, Benvenutti E V, et al. Effect of microwave irradiation on the structural, chemical, and hydrophilicity characteristics of ordered mesoporous silica SBA-15[J]. Journal of

Sol-Gel Science and Technology，2020，94(3)：708-718.

[159] Seo Y K，Suryanarayana I，Hwang Y K，et al. Swift synthesis of hierarchically ordered meso-cellular mesoporous silica by microwave-assisted hydrothermal method[J]. Journal of Nano-science and Nanotechnology，2008，8(8)：3995-3998.

[160] Dündar-Tekkaya E，Yürüm Y. Synthesis of palladium incorporated MCM-41 *via* microwave irradiation and investigation of its hydrogen storage properties[J]. International Journal of Hydrogen Energy，2016，41(23)：9828-9833.

[161] Chareonpanich M，Nanta-ngern A，Limtrakul J. Short-period synthesis of ordered mesoporous silica SBA-15 using ultrasonic technique[J]. Materials Letters，2007，61(29)：5153-5156.

[162] Liu H F，Ji S F，Yang H，et al. Ultrasonic-assisted ultra-rapid synthesis of monodisperse meso-SiO_2@Fe_3O_4 microspheres with enhanced mesoporous structure[J]. Ultrasonics Sonochemistry，2014，21(2)：505-512.

[163] de Woolf P M，Visser J W. Absolute intensities-outline of a recommended practice[J]. Powder Diffraction，1988，3(4)：202-204.

[164] Gautier M，Poirier J，Franceschini G，et al. Influence of the cooling conditions on the nature and the size of the mineral phases in a basic oxygen furnace (BOF) slag[J]. Déchets Sciences et Techniques，2010，57(6)：1-8.

[165] Mombelli D，Barella S，Gruttadauria A，et al. Effects of basicity and mesh on Cr leaching of EAF carbon steel slag[J]. Applied Sciences，2018，9(1)：121.

[166] Zhao Q，Liu C J，Yang D P，et al. A cleaner method for preparation of chromium oxide from chromite[J]. Process Safety and Environmental Protection，2017，105：91-100.

[167] Zhao Q，Li J Y，You K W，et al. Recovery of calcium and magnesium bearing phases from iron- and steelmaking slag for CO_2 sequestration[J]. Process Safety and Environmental Protection，2020，135：81-90.

[168] Terry B. The acid decomposition of silicate minerals part Ⅱ. Hydrometallurgical applications[J]. Hydrometallurgy，1983，10(2)：151-171.

[169] Brantley S L，Olsen A A. Reaction kinetics of primary rock-forming minerals under ambient conditions[M]//Treatise on Geochemistry. Amsterdam：Elsevier，2014：69-113.

[170] Baucke F G K. Corrosion of glasses and its significance for glass coating[J]. Electrochimica Acta，1994，39(8-9)：1223-1228.

[171] Mei X H，Zhao Q，Min Y，et al. Phase transition and dissolution behavior of Ca/Mg-bearing silicates of steel slag in acidic solutions for integration with carbon sequestration[J]. Process Safety and Environmental Protection，2022，159：221-231.

[172] Mei X H，Zhao Q，Zhou J Y，et al. Phase transition of Ca-and Mg-bearing minerals of steel slag in acidic solution for CO_2 sequestration[J]. Journal of Sustainable Metallurgy，2021，7(2)：391-405.

[173] Jimoh O A，Ariffin K S，Hussin H B，et al. Synthesis of precipitated calcium carbonate：A review[J]. Carbonates and Evaporites，2018，33(2)：331-346.

[174] Han Y S，Hadiko G，Fuji M，et al. Effect of flow rate and CO_2 content on the phase and morphology of $CaCO_3$ prepared by bubbling method[J]. Journal of Crystal Growth，2005，

276(3-4)：541-548.

[175] Radha A V，Forbes T Z，Killian C E，et al. Transformation and crystallization energetics of synthetic and biogenic amorphous calcium carbonate[J]. Proceedings of the National Academy of Sciences，2010，107(38)：16438-16443.

[176] Dickinson S R，Henderson G E，McGrath K M. Controlling the kinetic versus thermodynamic crystallisation of calcium carbonate[J]. Journal of Crystal Growth，2002，244(3-4)：369-378.

[177] Zappa W. Pilot-scale experimental work on the production of precipitated calcium carbonate (PCC) from steel slag for CO_2 fixation[D]. Helsinki：Aalto University，2014.

[178] Mattila H P. Experimental studies and process modeling of aqueous two-stage steel slag carbonation[D]. Turku：Abo Akademi University，2009.

[179] 赵青，刘承军，姜茂发. 不锈钢渣的铬稳定化控制[M]. 北京：科学出版社，2024.

[180] Florin N H，Harris A T. Hydrogen production from biomass coupled with carbon dioxide capture：The implications of thermodynamic equilibrium[J]. International Journal of Hydrogen Energy，2007，32(17)：4119-4134.

[181] Iyer M V，Gupta H，Sakadjian B B，et al. Multicyclic study on the simultaneous carbonation and sulfation of high-reactivity CaO[J]. Industrial & Engineering Chemistry Research，2004，43(14)：3939-3947.

[182] Luo C，Zheng Y，Wu Q L，et al. Cyclic reaction characters of novel CaO/MgO high temperature CO_2 sorbents[J]. Journal of engineering Thermophysics，2011，32(11)：1957-1960.

[183] Luo C，Zheng Y，Ding N，et al. Synthesis and performance of a nano synthetic Ca-based sorbent for high temperature CO_2 capture[J]. Proceedings of the Chinese Society of Electrical Engineering，2011，31(8)：45-50.

[184] Lan P Q，Wu S F. Synthesis of a porous nano-CaO/MgO-based CO_2 adsorbent[J]. Chemical Engineering & Technology，2014，37(4)：580-586.

[185] Jang H T，Park Y，Ko Y S，et al. Highly siliceous MCM-48 from rice husk ash for CO_2 adsorption[J]. International Journal of Greenhouse Gas Control，2009，3(5)：545-549.

[186] Zeng W T，Bai H L. Swelling-agent-free synthesis of rice husk derived silica materials with large mesopores for efficient CO_2 capture[J]. Chemical Engineering Journal，2014，251：1-9.

[187] Grasa G S，Abanades J C，Alonso M，et al. Reactivity of highly cycled particles of CaO in a carbonation/calcination loop[J]. Chemical Engineering Journal，2008，137(3)：561-567.

[188] Mess D，Sarofim A F，Longwell J P. Product layer diffusion during the reaction of calcium oxide with carbon dioxide[J]. Energy & Fuels，1999，13(5)：999-1005.

[189] Fang D D，Zhang L H，Zou L J，et al. Effect of leaching parameters on the composition of adsorbents derived from steel slag and their CO_2 capture characteristics[J]. Greenhouse Gases：Science and Technology，2021，11(5)：924-938.

[190] Manovic V，Anthony E J. Thermal activation of CaO-based sorbent and self-reactivation during CO_2 capture looping cycles[J]. Environmental Science & Technology，2008，42(11)：4170-4174.

[191] Wu S F，Li Q H，Kim J N，et al. Properties of a nano CaO/Al_2O_3 CO_2 sorbent[J]. Industrial & Engineering Chemistry Research，2008，47(1)：180-184.

[192] Broda M，Kierzkowska A M，Müller C R. Development of highly effective CaO-based，MgO-stabilized CO_2 sorbents via a scalable "one-pot" recrystallization technique[J]. Advanced Functional Materials，2014，24(36)：5753-5761.

[193] 田思聪. 钢渣制备高效钙基 CO_2 吸附材料用于钢铁行业碳捕集研究[D]. 北京：清华大学，2016.

[194] Khoshandam B，Kumar R V，Allahgholi L. Mathematical modeling of CO_2 removal using carbonation with CaO：The grain model[J]. Korean Journal of Chemical Engineering，2010，27(3)：766-776.

[195] Barrie P J. The mathematical origins of the kinetic compensation effect：1. The effect of random experimental errors[J]. Physical Chemistry Chemical Physics，2012，14(1)：318-326.

[196] Barrie P J. The mathematical origins of the kinetic compensation effect：2. The effect of systematic errors[J]. Physical Chemistry Chemical Physics，2012，14(1)：327-336.

[197] Teng W，Wu Z X，Feng D，et al. Rapid and efficient removal of microcystins by ordered mesoporous silica[J]. Environmental Science & Technology，2013，47(15)：8633-8641.

[198] Lin L Y，Bai H. Efficient method for recycling silica materials from waste powder of the photonic industry[J]. Environmental Science & Technology，2013，47(9)：4636-4643.

[199] Rosen M J，Kunjappu J T. Surfactants and Interfacial Phenomena[M]. Hoboken：John Wiley & Sons，Inc.，2012.